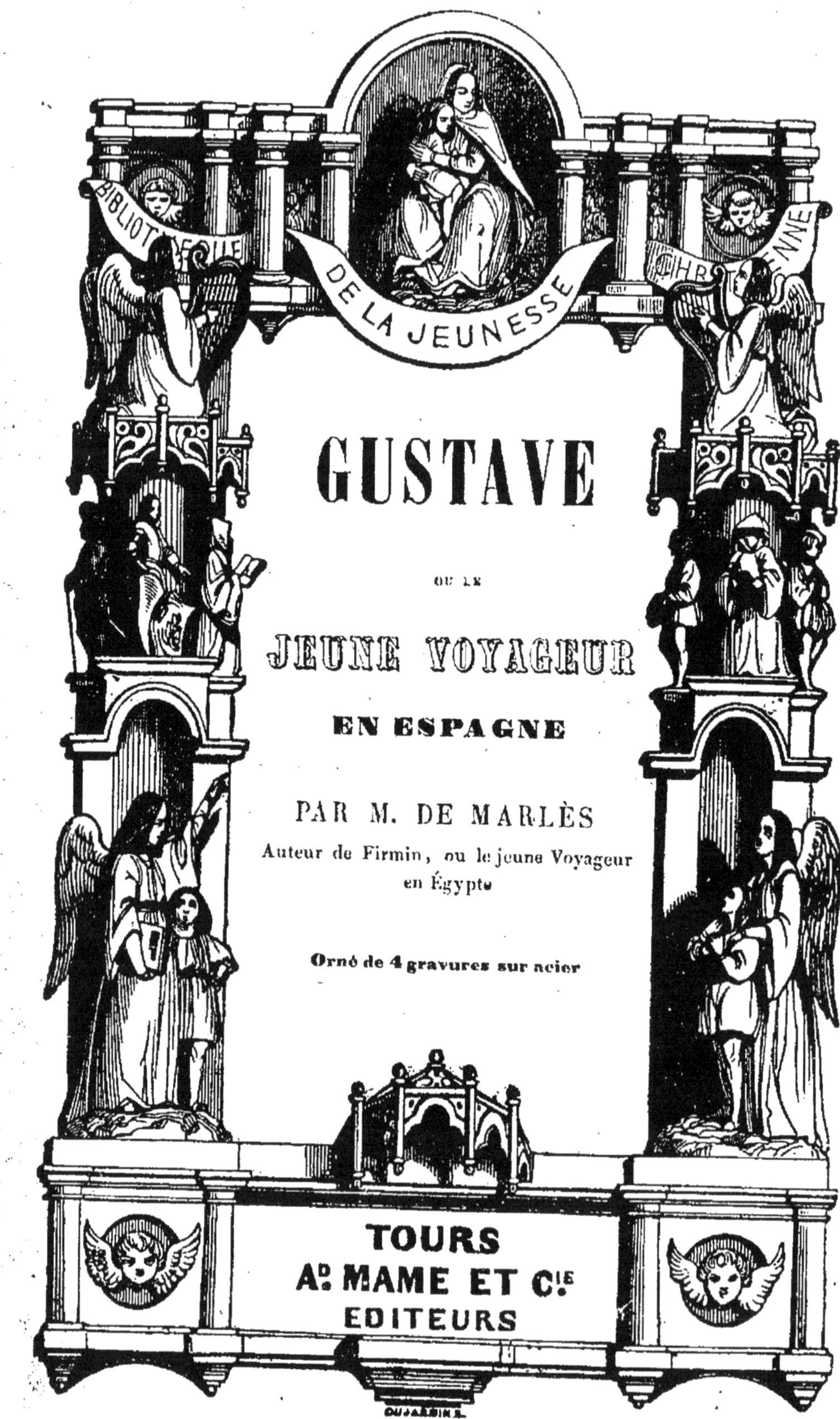

GUSTAVE

OU LE

JEUNE VOYAGEUR EN ESPAGNE

PAR M. DE MARLÈS

Auteur de Firmin, ou le jeune Voyageur en Égypte

Orné de 4 gravures sur acier

TOURS
A^D. MAME ET CIE
EDITEURS

BIBLIOTHÈQUE

DE LA

JEUNESSE CHRÉTIENNE

APPROUVÉE

PAR S. ÉM. MGR LE CARDINAL ARCHEVÊQUE DE TOURS

Combat de Taureaux.

Le jeune Voyageur en Espagne

PAR

M.r DE MARLÈS.

L'Alhambra

Tours

Ad. Mame & Cie

ÉDITEURS

GUSTAVE

OU LE

JEUNE VOYAGEUR EN ESPAGNE

PAR M. DE MARLÈS

Auteur de Firmin ou le Jeune Voyageur en Égypte, etc.

SIXIÈME ÉDITION

TOURS

A[d] MAME ET Cie, IMPRIMEURS-LIBRAIRES

1857

GUSTAVE

CHAPITRE PREMIER

Passage des Pyrénées.

M. Delmas était un riche négociant de Lyon. Artisan de son immense fortune, il s'était accoutumé à regarder la carrière qu'il avait parcourue comme la plus honorable de toutes, la seule capable d'offrir un noble but à l'ambition. Il estimait les magistrats, les guerriers, les savants, les gens de lettres, mais au-dessus d'eux il plaçait les négociants. « Le commerce, disait-il souvent, le commerce, voilà la plus solide base de la prospérité des États. On me parle de l'agriculture ; mais si l'agriculture nourrit les hommes, c'est le commerce qui les enrichit. »

Il était lié depuis bien des années d'une amitié très-étroite avec un ancien officier qui avait quitté le service parce qu'il ne voulait pas sacrifier son indépendance à un vain espoir d'avancement, et qui, satisfait du modique héritage qu'il avait recueilli, coulait des jours tranquilles dans une heureuse médiocrité. C'était un homme de fort bon sens, que les raisonnements de son ami étaient bien loin de convaincre ; il soutenait de son côté que, sans les magistrats, organes de la loi protectrice du droit de propriété ; sans le guerrier, qui défend le sol national au péril de sa vie ; sans le savant, qui consacre ses veilles à éclairer, à instruire les autres, le commerçant serait bientôt réduit à l'inaction. De là naissaient entre les deux amis des discussions interminables qui n'avaient aucun résultat, parce que, persuadés, chacun de son côté, qu'ils avaient raison, ils ne faisaient, en discutant, que s'affermir de plus en plus dans leur opinion. Toutefois leur intimité n'en était nullement altérée. M. Germon, d'un caractère doux et conciliant, ne laissa jamais arriver la querelle jusqu'à l'aigreur, et M. Delmas avait au fond des qualités excellentes qui rendaient supportable sa monomanie.

Les petites altercations qui s'élevaient entre eux se rapportaient toujours à l'intérêt du jeune Gustave, fils d'un frère aîné de M. Delmas, décédé depuis seize ans. M. Delmas aîné avait pris le parti des armes, et, malgré son mérite, il n'avait pu s'élever au-dessus du grade de chef de bataillon, parce qu'il était tout à fait étranger à l'art de se produire et de se faire valoir, et que les actions dont il aurait pu tirer quelque lustre n'avaient eu pour témoins que ses chefs immédiats, qui, connaissant son humeur, ne craignaient pas de s'attribuer tout l'honneur de ce qu'il avait fait. Il était mort pauvre, sa femme l'avait précédé dans la tombe, et tout ce qu'il put pour le pauvre orphelin, ce fut de le recommander à son frère et à son ami M. Germon. L'un et l'autre acceptèrent avec joie le legs qui leur était fait, et ils s'acquittèrent noblement des devoirs qu'il leur imposait : le premier en recevant chez lui son neveu et en lui montrant la tendresse d'un père, le second en dirigeant son éducation et en veillant sur ses mœurs. Pendant longtemps les deux tuteurs avaient été d'accord, car ils aimaient tendrement Gustave, qui répondait à merveille aux soins que ses maîtres prenaient à l'instruire, et qui aux grâces de son âge joignait une grande aptitude, beaucoup d'amour du travail et d'éloignement pour les distractions bruyantes qui empêchaient de s'y livrer.

Mais Gustave était près d'atteindre sa dix-neuvième année ; il s'agissait de lui donner un état, de fixer son avenir. M. Delmas, comme on peut le croire, voulait en faire un négociant ; M. Germon ne s'y opposait pas, seulement il voulait qu'on consultât les inclinations du jeune homme, afin de ne pas les contrarier en ayant l'air de prendre son obéissance pour une véritable vocation. Il avait ses raisons pour parler ainsi ; il avait sondé adroitement Gustave, et il s'était convaincu que son jeune pupille n'aimait nullement le commerce, qu'un habit d'uniforme lui semblait le plus beau costume du monde, que la réputation qu'avaient acquise certains avocats paraissait aussi le tenter de suivre la même carrière, et qu'il n'obéirait à son oncle qu'en se faisant violence.

M. Delmas n'en persistait pas moins à vouloir que son neveu le remplaçât dans son commerce. Un jour qu'il était seul dans son cabinet, il fit appeler Gustave, et après un long préambule par lequel il voulait prouver qu'il n'est rien au-dessus de la profession de négociant, il lui donna à entendre qu'il était temps de prendre un parti. « Je commence à vieillir, lui dit-il, le besoin de repos se fait déjà sentir en moi. C'est à toi, mon neveu, mon fils, car tu sais bien que je t'ai toujours regardé comme mon fils, de prendre ici ma place. Tu as de l'intelligence, de l'application; peu de jours te suffiront pour te rompre aux affaires... Tu ne me réponds rien? »

Gustave, en effet, ne répondait pas; il s'attendait si peu à la proposition de son oncle, qu'il en parut tout déconcerté; toutefois, se remettant de son trouble à l'interpellation qui lui était adressée, il répéta franchement ce qu'il avait déjà dit à M. Germon, ajoutant au surplus qu'il sacrifierait volontiers toutes ses répugnances aux désirs de celui qui lui avait donné tant de preuves de tendresse; et en disant ces mots il se jeta au cou de M. Delmas, qu'il tint longtemps serré dans ses bras, au point que le bon oncle, tout attendri, sentit de douces larmes mouiller sa paupière. « Mon enfant, lui dit-il, je ne veux pas forcer tes penchants: nous reparlerons de cela; nous verrons. »

M. Delmas, resté seul, se souvint à propos qu'étant

très-jeune encore, le goût du commerce l'avait pris durant un voyage qu'il avait fait en Italie, et il imagina que ce qui lui était arrivé pourrait bien arriver aussi à son neveu. Il s'en ouvrit à M. Germon, qui approuva son projet, non qu'il s'imaginât qu'un voyage aurait le résultat que son ami espérait, mais parce qu'il savait que les voyages instruisent quand ils ne sont pas entrepris pour satisfaire une vaine curiosité : il pensait d'ailleurs que le temps pourrait amener quelque changement dans les idées de M. Delmas. L'unique difficulté qui arrêtait ce dernier fut bientôt levée. On ne pouvait faire voyager seul un jeune homme. Dix-huit ans ne sont pas une bien sûre garantie de raison et de prudence, et il en faut dans un voyage. « Oh ! disait-il, si les affaires de mon commerce ne me retenaient en France, j'irais moi-même accompagner mon Gustave.

— Je vous entends, mon ami, dit M. Germon en l'interrompant, vous ne pouvez vous absenter. Eh bien ! je serai, moi, le mentor de Gustave. J'étais l'ami de son père comme je suis le vôtre, et vous n'aimez pas son fils plus que je ne l'aime. »

Cette offre de M. Germon fut acceptée avec une vive reconnaissance, et les préparatifs de voyage furent bientôt faits. Gustave ne savait trop s'il devait s'affliger ou se réjouir. Il avait vu ces préparatifs ; mais comme on ne l'avait pas mis dans le secret du grand voyage, il ne pouvait se défendre d'une inquiétude secrète ; il savait que son oncle avait à Port-Vendres de graves intérêts à discuter, et il s'imagina que c'était son apprentissage qui allait commencer; toutefois il ne montrait ni humeur ni mécontentement, et au fond de son cœur il se promettait bien de se soumettre en tout à la volonté de son oncle. M. Germon observait tous les mouvements de son cher pupille, et il les faisait remarquer à son ami; celui-ci, pour prix de la docilité qu'on lui montrait, voulait donner à son neveu le plaisir de la surprise. Ce fut dans ces dispositions d'esprit que nos trois voyageurs arrivèrent à Port-Vendres, qui, depuis la conquête de l'Algérie, a pris assez d'importance.

Les affaires de M. Delmas furent très-promptement terminées, et alors, pour la première fois, il entretint son neveu des projets de voyage qu'il avait formés pour lui.

« Je désire, lui dit-il, qu'avant de rien entreprendre, tu acquières des connaissances qu'on ne trouve pas toujours dans les livres; je veux que tu voies beaucoup de choses de tes propres yeux; c'est le moyen d'en prendre une idée exacte. J'ai pensé que trois à quatre ans employés à voyager dans les principales régions de l'Europe ne seraient point perdus pour ton instruction. Nous voici sur la frontière espagnole, c'est donc par l'Espagne que tu commenceras ta tournée. Notre ami Germon t'accompagnera; tu connais tout son attachement pour nous; nul ne peut me remplacer auprès de toi avec plus d'avantage. »

Gustave remercia M. Delmas avec une effusion si

vive de reconnaissance, que les larmes coulèrent encore des yeux du bon oncle, qui, maîtrisant enfin son attendrissement, reprit en ces termes : « Je suis bien aise que mon projet te plaise, mais j'y mets une condition. Je voudrais que, pendant ton séjour en Espagne, tu observasses avec soin les produits naturels du pays, ses manufactures, ses moyens d'échange, tout ce qui, en un mot, se rattache au commerce. Me le promets-tu? » Gustave répondit qu'il s'estimerait très-heureux de pouvoir prouver à son bienfaiteur toute sa reconnaissance. « Vous ne me le recommanderiez pas, mon cher oncle, ajouta-t-il, que je me croirais obligé de le faire pour ma propre instruction. Ce serait mal connaître un pays que d'ignorer ce qu'il doit à son sol et à l'industrie de ses habitants. »

Le lendemain venu, on se sépara; M. Delmas reprit seul le chemin de Lyon. La satisfaction d'avoir terminé heureusement ses affaires, tempérait le chagrin qu'il ressentait du départ de son neveu, qu'il n'avait jamais encore perdu de vue. Celui-ci éprouvait de son côté quelque peine à s'éloigner d'un parent dont il n'avait jusque-là reçu que des témoignages d'affection et de bienveillance; mais il se représentait ses futurs voyages sous un si riant aspect; le plaisir de voir à chaque instant des objets nouveaux se peignait à ses yeux de couleurs si vives, qu'avec l'abandon naturel à son âge, il se livra tout entier aux illusions de bonheur dont son imagination se berçait.

Avant de se remettre en route, nos deux voyageurs furent obligés de se rendre à Collioure, petite place forte située à une demi-lieue de Port-Vendres, pour y faire viser les passe-ports dont M. Germon avait eu la précaution de se munir à Lyon.

M. Germon fit part à son jeune ami des dispositions qu'il avait prises pour la première journée de leur voyage. « Je fais partir, lui dit-il, pour Figueras tout notre équipage ; il y sera demain au soir. Pour ce qui nous concerne, nous aurons des guides et des mulets, et nous traverserons cette belle montagne d'Albère, dont nous apercevions la cime, il y a trois jours, en venant de Perpignan. Je serai bien aise de vous faire connaître cette partie des Pyrénées avant de vous en éloigner. Qu'en pensez-vous ? » Gustave ne répondit qu'en sautant de joie, car, depuis qu'il voyait de près les montagnes, il trouvait que rien n'est charmant comme une promenade pittoresque au milieu des rochers, des précipices, des torrents, des cascades, des bois touffus.

Levé le lendemain avant le jour et brûlant de se mettre en route, Gustave aurait volontiers réveillé M. Germon, qui dormait encore, ou qui plutôt faisait semblant de dormir pour s'amuser de l'impatience de son pupille. Enfin le moment tant désiré arriva, et, hissés sur d'excellentes mules accoutumées à marcher d'un pas ferme sur les sentiers étroits suspendus au flanc des rochers, et munis de guides sûrs, intelligents et fidèles, nos voyageurs descendirent du haut des collines qui enferment Collioure du côté du nord; se détournant ensuite à gauche, ils s'acheminèrent vers l'Albère, dont les guides leur vantaient à l'envi toutes les beautés.

Le chemin traverse d'abord un pays magnifique, où les sites pittoresques abondent. A gauche est la montagne, prolongement de l'Albère, dont l'imposante masse se montrait au loin couronnée de nuages; à droite est un ruisseau dont les bords, tout couverts de verdure, sont ombragés d'arbres de toutes sortes. Des cerisiers, des pêchers, des pruniers, des figuiers y montrent leurs branches courbées sous le poids des fruits. Au delà du ruisseau on aperçoit une large vallée qui s'étend jusqu'à des coteaux plantés de vignes; quatre ou cinq villages, élevant au-dessus des arbres leurs clochers grisâtres, animaient ce paysage. Après une heure de marche, la route s'élève et laisse voir au delà des coteaux une plaine immense qu'arrosent trois rivières, et vers le milieu de laquelle, à quelque distance de la mer, on découvrait les remparts de la citadelle de Perpignan.

Insensiblement la vallée se rétrécit, et l'on arrive au commencement d'une gorge qui semble s'être formée par l'écartement violent de la montagne, car les angles saillants d'un côté répondent aux angles rentrants de l'autre côté. On suit alors les sinuosités de cette gorge jusqu'à ce qu'une chaîne de roches, qui se présente en face, oblige le voyageur à gravir péniblement au sommet par un sentier difficile qui, se repliant vingt fois sur lui-même en forme de zigzag, découvre à chaque pas un précipice. Après avoir marché une heure encore sur la crête des rochers, on arrive au pied de la grande chaîne qui se prolonge par l'Albère jusqu'au Canigou, dont la tête s'élève à près de quinze cents toises au-dessus du niveau de la mer.

Le soleil n'avait pas encore paru, quoiqu'il fût plus de dix heures; d'épais nuages qui s'élevaient sans cesse des flancs des montagnes, avaient dérobé sa lumière, et M. Germon éprouvait quelque inquiétude au moment de s'engager plus avant. Les guides le rassurèrent: « Nous n'aurons pas de pluie, lui dirent-ils, et l'orage n'arrivera pas jusqu'à nous; mais dans peu d'instants les brouillards nous envelopperont. » La prédiction des guides ne tarda pas à s'accomplir, et le brouillard devint si épais, qu'à six pas de distance on ne distinguait pas les objets. M. Germon avait mis pied à terre, parce qu'il craignait un faux pas de sa mule, ce qui n'était pas trop du goût de Gustave, qui prétendait que les mulets ont la marche très-sûre, ainsi que les guides l'affirmaient; toutefois il fit comme son mentor, et ce ne fut pas sans peine que la petite caravane parvint à un plateau, sur lequel elle prit quelques instants haleine.

Soudain le bruit du tonnerre se fit entendre; son roulement sourd et prolongé se perdait dans les échos lointains. Le brouillard prit alors une teinte aurore, comme si une lumière éclatante le pénétrait de ses rayons. « Allons, dit un des guides, quelques pas encore, et nous verrons le soleil. » Ces mots redoublèrent le courage de nos deux voyageurs, qui continuèrent de gravir par un sentier assez mal tracé. Bientôt ils parvinrent à percer le brouillard, et l'astre du jour se fit voir dans toute sa splendeur.

« O ravissant spectacle! s'écria Gustave, quel pinceau, quelle plume pourraient peindre tant de magnificences? » Sous ses pieds, en effet, et derrière lui étaient des nuages blanchâtres, semblables à un vaste océan sous lequel s'engloutissaient les vallées et les montagnes. Seulement il apercevait les plus hautes cimes toutes brillantes de clarté, comme ces rochers que, dans un beau jour, on voit s'élancer du sein des mers. De temps en temps, des éclairs sillonnaient la nue d'une lumière pâle et bleuâtre, et les mugissements du tonnerre se répétaient majestueusement dans les airs. Du côté opposé de la montagne, au midi, se découvrait une vaste prairie parsemée de villages; quelques montagnes qui se montraient au loin, paraissaient d'humbles collines. On distinguait le cours des torrents qui serpentaient dans les vallons; leurs eaux limpides, roulant sur un lit de cailloux, étincelaient de feux dont les reflets s'étendaient au loin; le soleil vivifiait tout par sa présence.

D'une part, c'était la nature couverte d'un voile de deuil; de l'autre, on la voyait ornée de sa plus belle parure. A l'aspect de ces grandes merveilles, Gustave demeura longtemps en extase; M. Germon ne l'en tira pas; il voulait laisser aux sensations diverses dont il lui semblait frappé le temps de faire dans son esprit une impression forte et ineffaçable : un vent du sud, qui ne tarda pas à s'élever, vint encore prêter à la scène de nouveaux charmes, en balayant doucement les nuages vers le nord, tandis que la caravane continuait de monter. Plus elle avançait, plus le coup d'œil devenait magnifique ; ce fut surtout lorsqu'elle fut arrivée au sommet de l'Albère que l'admiration de Gustave monta au plus haut point.

Au midi, la vue s'étendait sur la riche plaine du Lampourdan. Espole, Saint-Clément, Llança montraient dans le lointain leurs masses bleuâtres ; l'œil ne pouvait apercevoir Rosas, mais il découvrait la montagne sur laquelle s'élève son château. A l'orient la mer se déployait comme une grande nappe bleue qui n'avait de bornes qu'à l'horizon. Du côté opposé, c'était le Canigou gigantesque, élevant dans les airs ses deux pics orgueilleux qui dominent sur toutes les montagnes d'alentour. Du côté du nord, on découvrait toute la plaine du Roussillon jusqu'aux montagnes qui la séparent de l'ancien Languedoc.

« Convenez, mon ami, dit alors M. Germon, que l'homme est bien petit auprès de ces grandes créations, qui n'ont coûté à l'Être des êtres qu'une pensée, et que d'un souffle léger il peut replonger dans le néant. Oh ! que je m'écrierais volontiers : Ambitieux superbes qui dites que la terre vous appartient, savants philosophes qui voulez tout soumettre à vos froides analyses et décomposer jusqu'au sentiment, venez ici, près de moi, et du haut de ces montagnes contemplez sa toute-puissance ; venez, et qu'en présence des œuvres sublimes de ce Dieu que votre cœur avoue quand votre bouche le nie, votre raison superbe s'humilie et s'abaisse.

« Jouissons ici quelques instants, continua M. Germon, de ce spectacle, dont il ne nous restera bientôt que le souvenir. Jetez les yeux à votre gauche. Voyez-vous ce rocher qui s'avance dans la mer? C'est le fameux cap de Creus, que les Romains appelèrent *Aphrodisium*. Il servait jadis de limite entre la Gaule et l'Ibérie. Les Indigètes, anciens habitants du pays, y avaient élevé un temple en l'honneur de Vénus Aphrodite. Une fontaine abondante, qui coule encore au milieu d'un plateau dont se couronne le promontoire du côté de la mer, fournissait l'eau nécessaire pour les ablutions et le service du temple. Plus tard, lorsque le christianisme eut renversé les idoles et offert aux hommes le culte épuré du vrai Dieu, le temple fut converti en église, et les habitations des profanes prêtresses de Vénus se changèrent en cellules où de pieux cénobites vinrent se consacrer à la prière et aux austérités. Il paraît que ce monastère fut renversé par les Normands dans le courant du IXe siècle. Il n'en reste plus aujourd'hui aucun vestige; on n'aperçoit pas même les croix qui avaient été plantées sur le front de la montagne dans le siècle suivant, sous le roi Hugues. Ce cap est, pour les bateaux qui font le cabotage, le véritable *Cap des Tourmentes*. La mer y est toujours houleuse et agitée, les marins le redoutent, et, quand ils doivent le doubler, ils ont soin de gagner le large. Le nom de Port-Vendres est dû à l'ancien temple de Vénus. Ce nom aurait mieux convenu au port de Llança, qui en est beaucoup plus voisin.

— Qu'est-ce que cette tour que j'aperçois à l'occident, sur le sommet de la montagne qui paraît se lier au Canigou? »

A cette question de Gustave, M. Germon se retourna vers le côté qu'il indiquait. « Cette tour, lui dit-il, est une de celles dont on attribue la construction aux Arabes. Vous n'ignorez pas que, lorsqu'ils eurent fait avec une incroyable rapidité la conquête de l'Espagne, leurs émirs voulurent franchir les Pyrénées, et qu'ils parvinrent même à former des établissements dans nos provinces méridionales. On dit que, pour garder les divers passages des montagnes, afin d'entretenir toujours les communications libres, ils avaient établi des postes militaires, et que ces tours leur servaient à se faire des signaux, de manière à se transmettre les nouvelles ou les ordres d'un poste à l'autre, à peu près comme cela se fait aujourd'hui par le télégraphe. Peut-être ces tours existaient-elles déjà, peut-être remontent-elles à l'époque où les Visigoths envahirent la Péninsule, ou même à celle de la domination romaine ou carthaginoise. On ne sait rien de positif là-dessus; ce que vous ne serez pas fâché d'apprendre, ajouta M. Germon, c'est qu'au-dessous de cette tour s'élève le joli village de Massanet, sur le bord d'un ruisseau qui forme l'une des sources de la Mouga. Je vous parle de ce village à cause d'une tradition qui existe dans le pays, tradition ridicule, insensée, mais pour l'honneur de laquelle les habitants lapideraient sans pitié l'imprudent qui s'aviserait d'en rire ou de la nier. »

Gustave ouvrit de grands yeux et prêta une oreille attentive. Ce préambule appelait toute son attention.

« Il y a sur la place publique de Massanet, reprit M. Germon, une maison située entre deux rues. A l'angle occidental de cette maison on voit un grand pal de fer, haut d'environ douze pieds et d'un diamètre de deux pouces et demi à trois pouces, retenu par des liens de fer scellés dans le mur; la partie supérieure de ce pal se termine par une anse ou anneau passé dans un trou qui traverse le pal. Vous ne vous douteriez jamais de ce que cette barre de fer fut dans l'origine : le bâton de Roland ! Quand ce fameux paladin, ainsi que le dit l'Arioste, troublé par la jalousie, perdit la raison, et que, déposant son épée et son armure de chevalier, il alla mener dans les bois et les montagnes une véritable vie de sauvage, il avait pour bâton cette barre de fer; avec elle il assommait les bêtes féroces ou les bergers qui voulaient défendre contre lui leurs troupeaux. Un jour qu'il se trouvait près de la tour de Massanet, il éprouva un accès de folie ou de rage, durant lequel il saisit son bâton et le lança avec tant de roideur et de force, qu'il l'envoya au beau milieu de la place du village. Les habitants le ramassèrent non sans peine, et l'attachèrent à une de leurs maisons.

J'ignore s'il y est encore, mais je l'y ai vu de mes yeux il y a quinze à dix-huit ans; et ce fut le principal habitant du village qui me donna l'explication de ce que je voyais.

« A une lieue au-dessous de Massanet est le village de Saint-Laurent sur la Mouga. Celui-ci était fameux par sa superbe fonderie de canons. Les Français y pénétrèrent en 1794, et détruisirent la fonderie de fond en comble, tandis qu'une de leurs divisions, sous les ordres du général Lemoine, marcha sur Ripoll, célèbre par sa fabrique d'armes à feu, et ruina complétement cette ville. »

Après avoir joui pendant quelque temps du coup d'œil qu'ils étaient allés chercher à mille toises au-dessus de la mer, nos voyageurs, avertis par leurs guides qu'ils avaient encore à faire six lieues avant d'arriver à Figuières, se remirent joyeusement en route, montés sur leurs bonnes mules, qui descendaient la montagne d'un pas aussi ferme qu'elles l'avaient eu en montant. On ne tarda pas à parvenir à une gorge qui, après une heure de marche, s'ouvrant de plus en plus, les conduisit au-dessous du fort de Bellegarde, au lieu même où sont posées les limites qui séparent la France de l'Espagne. Ces limites sont marquées par deux piliers qui s'élèvent sur les deux côtés de la grande route.

Gustave ne manquait ni d'esprit ni d'instruction, mais il en était encore à son premier voyage, et quand il arriva aux limites, il s'écria avec un plaisir d'enfant : « Voilà donc l'Espagne; voici la France; nous pouvons converser vous et moi, nous donner la main d'un royaume à l'autre.

— Plus que cela, mon ami, répondit en riant M. Germon, vous pourriez tenir un pied sur la France et l'autre sur l'Espagne, et résoudre ainsi un problème assez difficile : être à la fois en deux lieux différents. »

Il fallut s'arrêter quelques instants en ce lieu pour l'exhibition des passe-ports. Deux bureaux sont établis à cet effet, l'un sur le territoire français, l'autre au delà des limites, sur le sol espagnol ; chacun de ces bureaux a un corps de garde attenant et un poste occupé par des douaniers. De là, comme un point culminant, on voit la grande route serpenter, en descendant vers le nord d'un côté, vers le midi de l'autre ; elle est large, belle et bien entretenue.

Ce fut en s'entretenant de ce qu'ils avaient vu déjà que nos deux voyageurs arrivèrent à Figuières. Ils se firent conduire à l'auberge qu'on leur avait indiquée ; ils y trouvèrent leur équipage, arrivé depuis peu de temps ; après quoi, congédiant leurs guides et pourvus d'un dîner qu'on appétit fortement aiguisé par l'air des montagnes les empêcha de trouver détestable, ils s'enfermèrent dans leurs chambres et ne tardèrent pas à s'endormir d'un sommeil profond et réparateur.

CHAPITRE II

Route de Figuières à la Tyona. — Castello. — Gérôme.

Nos deux voyageurs furent sur pied le lendemain d'assez grand matin; Gustave était même éveillé depuis longtemps quand le jour parut. En pensant qu'il était en Espagne, entouré d'Espagnols, parlant une autre langue que la sienne, avec d'autres habitudes, un autre costume, il éprouvait une sensation indéfinissable: c'était une vie toute nouvelle qui s'ouvrait devant lui; pour en jouir plus tôt et plus longtemps, il aurait voulu que les jours n'eussent pas de nuit.

Les environs de Figuières offrent assez d'agrément. Le climat, par sa douceur, se prête aisément à la culture la plus variée; une plaine riante se déroule vers le sud-est; du côté opposé, une branche des Pyrénées qui se détache de la grande chaîne, forme à la ville une ceinture qui la garantit des vents du nord; elle s'abaisse ensuite insensiblement jusqu'à se perdre en ondulations légères. La ville est assez bien bâtie, mais peu importante; il n'en est pas de même de sa vaste citadelle, construite d'après le système de Vauban, et, autant par sa position que par la force de ses murailles, devenue l'une des plus importantes de l'Europe.

« Vous restez frappé d'étonnement devant ces remparts, dit M. Germon à son jeune ami, et j'étais sûr d'avance que vous éprouveriez presque, en voyant ces immenses fortifications, un sentiment d'incrédulité pour ce que je vous disais ce matin. Oui, Figuières a ouvert ses portes à un ennemi trois fois plus faible que la garnison à qui sa défense était confiée. J'étais moi-même sur les lieux, et la chose me paraissait si peu probable, que j'eus besoin de toucher la vérité avec la main pour croire la vérité possible. Ces murs sont en pierres de taille, ils ont une toise d'épaisseur à leur sommet : les magasins, les arsenaux, les casernes, où six mille hommes peuvent se loger, tout est casematé; tout, jusqu'aux écuries, est à l'épreuve de la bombe. Des fossés larges et profonds défendent l'approche des murs; une foule d'ouvrages extérieurs protégent le corps de la place. Deux cents pièces de canon en batterie peuvent impunément foudroyer l'ennemi; tous ces avantages ne servirent de rien. Ajoutez que les lieux les moins fortifiés de l'enceinte étaient minés; qu'il y avait dans la place dix mille hommes de troupes et des approvisionnements de toute espèce pour dix-huit mois, et il devient impossible d'expliquer autrement que par la trahison la honteuse capitulation qui livra aux Français Figuières, sa garnison, ses munitions, son artillerie, jeta le découragement dans l'armée espagnole, et augmenta de tout ce que cette armée perdait en force morale la force réelle des troupes républicaines.

« Plus tard, la cour de Madrid fit faire le procès au gouverneur et aux officiers de l'état-major. Ils furent tous déclarés coupables de haute trahison et condamnés à mort. Le roi, cédant aux vives instances de leurs amis et de leurs parents, commua leur peine en un exil perpétuel; mais ce fut avec des clauses si infamantes, que la mort eût été mille fois préférable.

« Il fut avéré dans l'instruction que plusieurs officiers, après avoir repoussé de toutes leurs forces la proposition de capituler, refusèrent de signer la capitulation. On racontait même que l'un d'eux, quand on lui présenta la plume, la saisit brusquement et la lança contre la muraille. Dix ans plus tard, rappelé par mes affaires en Espagne, et me trouvant avec un riche négociant anglais qui désira visiter l'intérieur du château, j'ai vu dans la salle même où se tint la conférence une tache d'encre sur la muraille. On nous assura que c'était la fameuse tache, protestant encore contre la capitulation. »

Ce récit piqua singulièrement la curiosité de Gustave, qui voulait voir si la tache existait encore. M. Germon, de son côté, désirait le satisfaire; mais ce ne fut pas sans peine qu'il obtint la permission d'entrer dans la forteresse. La salle avait reçu des décorations qui avaient fait disparaître la tache; d'où Gustave, avec plus de réflexion que son âge ne semblait en promettre, conjectura que celle qu'on montrait jadis aux étrangers pouvait bien n'être pas plus authentique que celle qu'on faisait voir naguère encore au château d'Holy-Rood (1). Ce que Gustave admira, ce furent les superbes écuries, où cinq mille chevaux peuvent trouver place, ses magasins qui renferment des munitions de guerre et de bouche pour dix-huit mois, et ses immenses citernes en partie creusées dans la roche vive, capables de contenir quatre millions de litres d'eau.

Le lendemain, M. Germon tint conseil avec son jeune compagnon sur la manière dont on continuerait le voyage. Le ferait-on en voiture ou à cheval? emporterait-on des provisions, ou faudrait-il s'en rapporter au hasard et courir la chance d'une abstinence forcée? Gustave n'imaginait pas qu'arrivant le soir dans une auberge, on fût exposé à se coucher sans souper et à n'avoir pour lit que la paille d'une grange, et il lui avait d'abord paru tout simple d'avoir une bonne chaise de poste. Il fut un peu désenchanté par ce qu'il apprit de son mentor.

« Vous ne devez pas vous imaginer, lui dit M. Germon, qu'on voyage ici comme en France, ou même comme en d'autres contrées de l'Europe. Ici point de voitures publiques partant tous les jours à heures fixes, point de ces chaises commodes et si

(1) La tache du sang du malheureux Riccio, assassiné sous les yeux de Marie Stuart. On la faisait remarquer sur le plancher du cabinet particulier de la reine, presque sur le seuil de la porte.

bien suspendues, qu'on s'aperçoit à peine qu'on est si rapidement entraîné ; et surtout point d'auberge où l'on soit sûr d'avance de trouver un dîner au moins passable; il n'y a pas non plus de ces lourdes machines roulantes, maisons à plusieurs étages, où durant deux, trois, quatre jours entiers et autant de nuits, on est encaissé, ballotté, étourdi, froissé, quelquefois estropié, mais où tous ces inconvenients, il est vrai, se compensent par l'agrément de franchir en fort peu de temps des espaces considérables. Il ne faut pas surtout parler de chemins de fer. Le peuple espagnol est fortement attaché à ses usages; ce n'est, pour ainsi dire, qu'en lui faisant violence qu'on peut le soumettre à une innovation, quelque avantage qu'il en retire.

« Avant la révolution qui a bouleversé tout ce pays, il n'y avait que deux manières de voyager : en voiture ou à cheval. Les voitures étaient de deux sortes : la voiture à quatre et à la rigueur à six places, *coche de colleras*, et le cabriolet *calesin.* La voiture consiste en une pesante caisse, semblable à nos vieux carrosses, très-solidement construite, supportée par un train à quatre roues. On n'y est pas très-cahoté, parce que sa lourdeur rend le balancement peu sensible, du moins sur une route unie; mais sur un chemin pierreux on est fortement secoué. Ces sortes de voitures sont attelées ordinairement de quatre mules, qu'on ne relaie point sur la route, quelque longue qu'elle soit. Ces animaux supportent la fatigue comme les chameaux de l'Arabe nomade.

Ils font chaque jour sept à huit lieues d'Espagne, équivalant à douze lieues communes, et ils n'ont guère besoin que d'un jour de repos de dix en dix jours. C'est ce qui a donné lieu au refrain vulgaire : *Ganado mular comer y trabajar :* Les mules ou mulets ne demandent qu'à manger et à travailler. Aussi faut-il voir le conducteur du coche lorsqu'on arrive à la couchée ; il s'occupe avant tout de loger son attelage ; il laisse ses voyageurs s'arranger comme ils peuvent ; il ne songe pas même à lui ; mais il a pour ses mules une véritable tendresse.

« Avec le calesin on fait aussi des journées de sept à huit lieues ; il est attelé d'une mule. On y est moins à son aise que dans le cloche ; on y est d'ailleurs exposé à la poussière, à la pluie, au vent, au soleil ; mais aussi, quand le temps est beau, on respire le grand air, et l'on jouit de l'aspect de la campagne ; on a de plus la société du *calesinero* (du conducteur), qui ne manque pas de vous mettre au fait de tout ce que vous voyez, et qui n'oublie pas, pour vous rassurer, de vous conter toutes les histoires de voleurs qu'il a apprises depuis son enfance.

« La seconde manière de voyager dans un pays tel que l'Espagne, où le climat est fort tempéré, peut convenir à des hommes qui, comme nous, ne sont pas très-pressés d'arriver à un lieu plutôt qu'à un autre, et qui, d'ailleurs, veulent tout voir, tout examiner. La mule est vraiment un animal précieux ; elle est un peu têtue, mais à cela près c'est la meilleure bête du monde : son pas vif et rapide, son pied qui jamais ne bronche, son allure douce, égale, ferme, en font la monture la plus commode qu'il soit possible d'avoir. On dirait d'abord qu'elle fait connaissance avec son cavalier. Le premier jour elle est un peu rétive, mais au bout de vingt-quatre heures tout s'arrange; la mule est sensible aux caresses; quand vous mettez pied à terre, flattez-la doucement avec la main; ajoutez à cela un morceau de pain que vous lui donnez, et, sans exagération, vous lirez dans ses yeux l'expression de sa reconnaissance. Autre avantage : le piéton ou les piétons qui vous accompagnent, lestes, agiles et conteurs, comme l'Arabe, qui leur a transmis une partie de son sang, surtout dans les provinces méridionales, prennent soin de vos effets et de votre personne, pourvu que vous ayez soin de les bien nourrir; ils sont à peu près comme leurs mules, *comer y trabajar*, manger et travailler; et si de temps en temps vous fournissez une once de tabac à fumer, vous devenez le meilleur de tous les hommes.

« Depuis l'invasion des Français, les choses ont un peu changé, ou, pour mieux dire, avaient un peu changé : on avait établi sur quelques routes des diligences et des relais, on avait créé de même des postes aux chevaux; mais tout cela n'a duré que fort peu de temps. Lorsque toute l'Espagne en armes opposait ses *guerillas* à nos troupes, que sur toutes les routes nos soldats et les indigènes se faisaient une guerre d'extermination, vous sentez que tous ces établissements ont dû tomber. Les Espagnols n'en voulaient pas, parce qu'ils leur venaient des Français. Auraient-ils donc songé à conserver des institutions que leur origine rendait odieuses? ils en sont revenus aux anciennes coutumes, et si l'on excepte les grandes routes les plus fréquentées, il n'y a guère à choisir aujourd'hui qu'entre le coche, le calesin et la mule. »

Gustave fut longtemps indécis. Il se serait accommodé volontiers d'un beau cheval fringant, sur lequel il aurait répété ses anciennes leçons d'équitation et de manége; mais une mule, animal ignoble, issu de l'âne, plus ignoble encore! De retour en France, oserait-il avouer une semblable monture? d'un autre côté, ces voitures sont si mal faites, si lourdes, si fatigantes avec le bruit continuel de cinquante à soixante clochettes que chaque mule porte à son collier! M. Germon fit cesser les incertitudes de Gustave. « Ces mules que vous dédaignez peut-être, lui dit-il, sont en général belles; ce sont presque toujours des animaux grands, bien taillés, vigoureux, à croupe rebondie, à encolure haute; si ce n'étaient leurs longues oreilles, il serait difficile de les distinguer du plus beau cheval. Au surplus, nous pouvons essayer de la mule, du calesin ou du coche, et nous reviendrons à ce qui nous paraîtra plus avantageux ou plus commode. Il y a justement dans notre auberge un muletier de Barcelone qui a conduit ici deux voyageurs et qui cherche un retour. Ses mules sont belles, et nous pourrons nous en arranger, à moins que vous ne préfériez attendre ici le départ de quelque voiture, ce qui n'arrive pas tous les jours. »

Gustave était trop impatient de se remettre en route pour hésiter bien longtemps. « Arrangeons-nous des mules, dit-il... Mais nos effets, comment les transporter?

— Soyez sans inquiétude, lui répondit M. Germon. Le muletier a trois mules, l'une d'elles troquera sa selle contre un bât, et se chargera de nos deux malles ; nous arriverons ainsi à Barcelone. De là nous enverrons nos équipages à Madrid, nous ne conserverons qu'une modeste valise, et nous voyagerons ensuite comme nous l'entendrons. »

On fut bientôt d'accord avec le melutier, qui s'engagea non-seulement pour le transport de nos voyageurs de Figuières à Barcelone, mais encore pour les conduire sur tous les lieux voisins de la route, à un prix convenu par chaque journée. On profita dès le premier jour de cet arrangement, qui permettait à M. Germon de faire sur son chemin toutes les excursions qu'il jugerait convenables à l'instruction ou à l'amusement de son pupille. Ainsi, au lieu de se rendre directement à Bascara, assez mince village situé sur la Fluvia, à quatre lieues de Figuières, on prit sur la gauche pour aller visiter *Castello de Ampurias*. Cette petite ville, la plus considérable de la riche plaine de Lampourdan, fut célèbre pendant la domination des Romains. On voit encore à une grande distance des habitations actuelles les fondements de ses anciennes murailles. Nos voyageurs remarquèrent, en passant, les ruines d'un ancien temple, et leur conducteur leur dit qu'il se trouvait beaucoup de ruines semblables dans les environs. Castello avait, au temps de sa splendeur, une population de cent mille âmes; on assure que la mer baignait le pied de ses remparts; elle en est aujourd'hui à une grande demi-lieue.

« Comment se fait-il, dit Gustave, que la mer se retire ainsi d'un lieu, non d'un autre? Il me semble que les eaux, cherchant toujours leur niveau, ne peuvent pas abandonner un point de la côte sans les abandonner tous.

— Vous avez raison, répliqua M. Germon, et je crois qu'il en doit être ici comme à Aigues-Mortes, où saint Louis s'embarqua dans le XIIIe siècle. Un canal faisait communiquer cette ville avec la mer; ici le canal, c'est le lit de la petite rivière de la Mouga, qui probablement alors était beaucoup plus profond et débarrassé des sables qui l'obstruent. Il est d'ailleurs bon de remarquer qu'au temps dont nous parlons, c'est-à-dire deux à trois siècles avant Jésus-Christ, les vaisseaux étaient plus petits et tiraient fort peu d'eau. Il est donc à présumer que ce n'est point la mer qui s'est retirée, mais le sol qui peu à peu s'est élevé par des alluvions successives, comme celui de l'Égypte. Aujourd'hui Castello renferme à peine trois mille habitants. Il y règne tous les étés des maladies causées par les exhalaisons fétides des marais environnants. Il serait aisé de les dessécher et d'assainir ainsi le pays; mais la guerre étrangère et la guerre intestine ont absorbé pendant bien des années toutes les ressources des habitants. »

Nos voyageurs arrivèrent à Girone ou Gérone à l'entrée de la nuit. Cette ville est séparée par le Ter en deux parties, dont l'une est bâtie dans la vallée, et l'autre sur le penchant de la montagne. Avant 1808, elle était défendue par quelques fortifications peu importantes; mais elle avait deux châteaux qui en gardaient les avenues, et que leur position sur des hauteurs qui ne sont pas dominées faisait regarder comme inexpugnables. A cette époque l'artillerie française les a ruinés presque en entier, et ils n'ont pas été rétablis. Girone a été souvent assiégée; les Français la prirent en 1656, la perdirent peu de temps après, et la reprirent en 1694. Durant la guerre de la succession, elle se rangea sous l'obéissance de l'archiduc. Au bout de six ans, le duc de Noailles l'emporta d'assaut pour Philippe V. En 1712, les Autrichiens l'investirent et ne purent s'en rendre maîtres.

Gustave et son mentor se retirèrent de bonne heure dans leurs chambres. Il n'y a guère que huit lieues de Girone à Figuières; mais le détour qu'ils avaient fait en passant par Castello, avait allongé leur route, et ils se trouvaient un peu fatigués. D'ailleurs, quoique l'allure des mules fût douce, il fallait en avoir l'habitude pour n'en pas être un peu incommodé les premiers jours. Le lendemain, dès le grand matin, ils furent sur pied. Il fallait, avant de quitter cette ville, peut-être pour ne plus la revoir, visiter ses monuments, ce qui ne demandait pas, il est vrai, beaucoup de temps ; car, la cathédrale exceptée, tout se réduit à quelques édifices peu importants. La ville est en général mal bâtie, et ses rues irrégulières sont sales et obscures ; mais la cathédrale, beau reste d'architecture sarrasine, s'élève majestueusement sur la croupe de la montagne. On y monte par un très-large escalier de pierres de taille d'environ soixante à quatre-vingts degrés. L'intérieur en est un peu sombre, mais en y entrant on se sent saisi d'un saint respect ; l'esprit se porte de lui-même au recueillement, et le cœur éprouve le besoin de s'épancher devant Dieu.

Ils allèrent ensuite voir la collégiale, qui est construite dans le goût moderne, et qu'ils trouvèrent bien décorée. Ils remarquèrent surtout la chapelle de Saint-Narcisse, tout ornée de marbre et de riches dorures ; les habitants ont pour ce saint la plus grande vénération, et c'est à lui qu'ils ont recours de préférence dans leurs afflictions. Ils assurent que, durant le blocus de leur ville par les troupes de l'archiduc, en 1712, leurs pères invoquèrent avec ferveur l'intercession de saint Narcisse, et que le saint, touché de leurs maux, envoya dans le camp ennemi de si nombreux essaims de mouches, de guêpes et d'autres insectes, que les assaillants furent contraints de lever le blocus.

En revenant vers l'hôtel, nos voyageurs traversèrent la place publique, qu'entoure une galerie couverte, supportée par de gros piliers en maçonnerie, comme la place de Montauban ou la place Royale à Paris. Un déjeuner, passable pour une auberge espagnole, les attendait depuis une demi-heure, et Gustave y fit honneur. Comme il n'y avait plus rien à voir ni à faire à Girone, il fut question de se remettre en route le plus tôt possible. Il était une heure de l'après-midi; à cette heure, la caravane se trouvait en face de l'hôtellerie de *la Tyona;* on avait encore trois heures de jour; on pouvait arriver à quelque village où l'on aurait pu être mieux logé qu'à la Tyona; mais il faisait une chaleur étouffante, et d'épais nuages noirs, qui s'amoncelaient sur l'horizon, faisaient craindre un orage; le muletier, qui n'était pas fâché de faire croître le nombre des journées, prédit un déluge d'eau et de grêle mêlé d'épouvantables éclairs; heureusement sa prédiction ne s'accomplit pas: un vent léger, se levant vers le soir, emporta les nuages, et bientôt après laissa voir un ciel du plus bel azur. Le muletier prétendit que l'orage était allé fondre sur la route qu'ils auraient dû parcourir; et comme il était déjà près de sept heures, on se résigna sans trop de peine à passer la nuit à la Tyona.

Gustave et son mentor ne furent pas plutôt arrêtés devant la porte de l'hôtellerie, que l'hôte, l'hôtesse et deux domestiques accoururent pour les aider à descendre de cheval, les accablant de prévenances et d'offres obséquieuses; nos voyageurs paraissaient riches, il n'en fallait pas davantage pour en faire des personnages très-importants; mais, en revanche, le pèlerin à pied obtient peu d'égards dans ces maisons, où tout se paie. Un voyageur de cette espèce arrivait presque en même temps que les deux étrangers, et comme probablement il était fatigué, il demanda une chambre. « Une chambre? dit l'hôtesse d'un air et d'un ton méprisants, après l'avoir examiné de la tête aux pieds; je crois bien que la paille sera pour vous un assez bon lit. » A l'air que prit le voyageur, on crut d'abord qu'il voulait se fâcher; mais, guéri sans doute, par la réflexion, de ce mouvement d'humeur, il se contenta de répondre, en tirant de sa poche trois ou quatre piastres: « Je vous ai demandé une chambre; faut-il vous la payer d'avance!

— Ah! si vous avez de quoi payer, reprit l'hôtesse d'un ton aigre-doux, vous aurez une chambre, un bon lit et même un bon souper. »

Gustave avait appris l'espagnol à Lyon d'un réfugié d'Espagne, et il le parlait même assez couramment; mais le catalan est une langue toute différente, chargée d'inflexions très-rudes et se distinguant du castillan, quoique bien des mots se ressemblent par la prononciation et surtout par les désinences. Toutefois Gustave entendait assez le catalan pour pouvoir suivre le dialogue de l'hôtesse et du voyageur, et il en tira cette conséquence, que par tout pays, en Espagne comme ailleurs, on n'estime guère les gens que sur les apparences. Gustave aurait voulu se trouver rapproché de ce voyageur, auquel il trouvait une figure ouverte qui intéressait. Ses manières annonçaient même un homme au-dessus de la classe vulgaire ; mais dans ces tristes auberges de la grande route il n'y a pas d'autre table d'hôte que la longue table de la cuisine, où se placent l'hôte et sa famille, les muletiers et les rouliers. Les deux Français furent servis dans leur chambre, et le lendemain, lorsqu'ils partirent, le voyageur de la veille avait disparu.

Le souper se composait d'un poulet rôti et d'un poulet en fricassée, accompagnés d'une salade assaisonnée d'huile puante, qui se faisait sentir à une grande distance. « Comment se fait-il que l'huile soit si mauvaise? dit Gustave à M. Germon. Il y a bien ici autant d'oliviers que dans la Provence, et le climat y est tout aussi doux ; il me semble qu'on devrait avoir de bonne huile.

— Ce que vous dites est incontestable, répondit M. Germon ; les olives, le sol, le climat, tout est bon ; mais les Catalans gâtent ce que la nature leur donne. Dans le mois de décembre, après que la récolte des olives est faite, ils les entassent dans des espèces de cuves en maçonnerie, et les y laissent fermenter jusqu'à ce qu'elles se pourrissent. C'est alors seulement qu'on songe à l'extraction de l'huile; il ne faut pas s'étonner qu'elle soit forte et mauvaise. Les Catalans, toutefois, ne la trouvent point telle, et ils prétendent que l'huile de Provence n'a aucun goût ; ils ont le palais usé par les épiceries et surtout par le poivre ; il leur faut des choses très-excitantes.

« Vous souvenez-vous de ce que vous remarquiez

ce matin sur la place de Girone, de cette pâte jaunâtre qu'ils appellent *allioli?* C'est tout simplement de l'ail cru bien pilé dans un mortier et pétri avec de l'huile. Un Catalan fait un délicieux repas du matin avec du pain sur lequel il étend son allioli, comme du beurre; il prétend que cet aliment est sain, stomachique, digestif, une espèce de panacée. L'odeur seule mettrait un Parisien en fuite; ici on est si bien familiarisé avec l'ail, qu'on ne trouve pas de parfum préférable à l'odeur nauséabonde de cette substance. »

CHAPITRE III

Mataro. — Les Catalans. — Barcelone. — Cordona.

Nos voyageurs partirent de la Tyona au lever du soleil ; dès qu'ils eurent passé *la Tordera* et gravi sur les rochers au pied desquels cette rivière roule ses eaux, ils découvrirent le rivage de la mer, qu'ils ne perdirent plus de vue jusqu'à Barcelone. La route traverse les plus riants paysages. A gauche, l'œil se repose sur les flots azurés de la Méditerranée, que sillonnent de tous côtés des bateaux-pêcheurs et des tartanes, qui font le cabotage et parcourent la côte espagnole jusqu'à Cadix. A droite, les regards s'enfoncent dans des vallées fertiles, ou s'étendent sur les immenses prairies qui vont se perdre au pied des montagnes. Partout on rencontre des villages peuplés d'habitants actifs et laborieux qui cultivent la terre, ou dont les bras vigoureux font mouvoir les fabriques de bas, de toile, de coton, et de mouchoirs de soie ; des milliers de femmes, assises d'ordinaire sur le seuil de leur porte, font de la dentelle de la plus grande beauté ; l'image de la prospérité se montre ici sous toutes les faces,

Nos voyageurs auraient désiré arriver jusqu'à Mataro; mais, sur l'observation du muletier que Mataro était une ville charmante, qu'elle avait des dehors ravissants, mille choses curieuses à voir, ils se décidèrent à passer la nuit dans un gros village qu'on appelle *Arenys de Mar*, et qui leur offrit une auberge assez commode. Ce village, de même que tous ceux de la côte qu'ils avaient rencontrés sur la route, Pinede, Calella, Canet, avait beaucoup souffert pendant l'occupation napoléonienne; mais le pays a tant de ressources par lui-même, que le mal s'est trouvé promptement réparé. Il en a été de même après les guerres intestines qui ont suivi le retour de Ferdinand.

Gustave et M. Germon lui-même se félicitèrent par la suite de s'être arrêtés à l'auberge d'Arenys; ils ne furent pas peu surpris de revoir l'individu qu'ils avaient remarqué la veille à la Tyona. De son côté, D. José Lopez (c'était son nom) avait parfaitement reconnu les deux Français, et comme il était d'un naturel affable et prévenant, il chercha sans trop d'affectation à se rapprocher d'eux; bientôt la conversation s'engagea entre lui et Gustave, qui n'était pas fâché de montrer qu'il connaissait la langue du pays qu'il venait visiter. On ne tarda pas à se dire réciproquement qu'on allait à Madrid. « Vous y arriverez plus tôt que moi, dit D. Lopez, d'abord parce que vous avez de bonnes mules, en second lieu parce que, arrivé à Barcelone, je me propose de faire plusieurs excursions dans la Catalogne.

— C'est justement là notre intention, répondit Gustave.

— En ce cas il est malheureux que nos goûts se ressemblent peu pour la manière de voyager, car je vous demanderais la permission de vous accompagner. Je me plais beaucoup dans les voyages, mais j'aime à les faire à pied. Vous trouvez sur votre chemin un arbre touffu, et vous avez chaud : on s'arrête sous son ombrage. Vous apercevez une fontaine : on s'assied sur le bord de l'eau. Personne n'est là pour vous demander compte de l'emploi de votre temps, ni pour vous envier vos jouissances. Suis-je fatigué : un gazon frais, une simple pierre me servent de siége, Un site me paraît-il pittoresque : je suspends ma marche et je m'enivre à loisir du grand spectacle de la nature. Dans cette saison surtout elle est magnifique : les arbres, les plantes, les prairies étalent de toutes parts leur brillante parure d'émeraudes. »

Gustave se prit à sourire. « Vous riez de mes émeraudes, dit Lopez ; que voulez-vous ? c'est un reste de ce que vos compatriotes nous reprochent tant : l'enflure espagnole. Plus d'une fois, semblable au comédien dont parle votre Gil-Blas, quelques provisions dans mes poches, j'ai pris comme lui mes repas au bord d'un ruisseau, et comme rien ne m'imposait la moindre contrainte, je respirais avec toute l'aisance que donne le sentiment de la liberté. »

Nos voyageurs écoutaient Lopez avec plaisir ; il leur paraissait plus instruit que son extérieur modeste ne semblait d'abord l'annoncer, et M. Germon, bien assuré d'avance qu'il ferait plaisir à Gustave, résolut de l'engager à les suivre à Barcelone, et, s'il y consentait, à faire avec eux le voyage de Madrid, ou même le tour de la Péninsule. En ce moment, on avertit nos voyageurs que le souper les attendait. Lopez allait se retirer, mais Gustave lui fit tant d'instances pour qu'il partageât leur repas, qu'il finit par céder. Le souper fut assez gai; Lopez paya son écot en saillies.

« Vous m'avez fait violer, dit-il, la promesse que je m'étais faite à moi-même hier au soir de ne plus entrer dans les auberges que pour y passer la nuit, tant j'avais sur le cœur mon mauvais souper et mon plus mauvais lit, qui ne valaient pas en conscience le quart de ce qu'ils m'ont coûté. Encore se consolerait-on de payer un peu cher si l'on était bien servi; mais on se console difficilement, je l'avoue, d'être impudemment volé par des fripons qui vous donnent en fricassée un vieux coq baptisé du nom de poulet.

— Il est vrai, dit M. Germon, que notre fricassée de poulet de la Tyona me semble bien faite aux dépens de quelque coq mort de vieillesse.

— C'était bien pire, reprit Lopez, avant l'entrée des Français. On était condamné à mourir de faim dans les hôtelleries, comme au temps de Cervantès, si l'on n'avait la précaution de porter des vivres avec soi. Il en est encore de même aujourd'hui dans beaucoup de nos provinces. Le séjour des Français avait donné de l'élan à ce genre d'industrie; mais, après leur départ, les choses ont repris l'ancien pli, excepté dans un petit nombre de villes ou d'hôtelleries; mais que sert de trouver sur une route de cent cinquante lieues deux ou trois hôtelleries bien pourvues? Encore ces hôtelleries commencent-elles à déchoir, car elles font mal leurs affaires. Comme les voyageurs sont exposés à parcourir vingt à trente lieues sans trouver d'autres provisions que celles qu'ils apportent, ils ne font point de dépenses dans les hôtelleries pourvues. Ainsi, Messieurs, que ceci vous serve d'avis : il faut, dans tous les voyages que vous vous proposez de faire en Espagne, vous précautionner de munitions de tout genre. Si vous voyagez à cheval, ce ne sera pas trop d'un mulet pour le transport des vivres ; en voiture, la chose est plus facile, et deux ou trois grands paniers suffisent.

— Nous mettrons cette leçon à profit, répondit M. Germon à D. José Lopez ; mais nous aurons occasion de reparler de cela demain dans la journée, du moins je l'espère ; car, pour peu que vous soyez disposé à violer en notre faveur votre vœu de voyager à pied, nous avons à vous offrir jusqu'à Barcelone un de nos trois mulets. Il sera aisé de troquer le bât contre une selle. »

Lopez remercia beaucoup M. Germon, mais il se défendit d'accepter son offre. « Je ne veux pas, lui dit-il, que vous souffriez pour moi la plus légère incommodité; mais, puisque vous me permettez de vous accompagner, je m'arrangerai de mon côté pour vous suivre. Je ne suis pas tellement lié à mon vœu de faire la route à pied, que je ne me permette plus d'une fois de l'enfreindre. Ce matin, par exemple, je suis parti de là Tyona avant le jour ; j'avais vu passer dans la soirée d'hier une file de mulets de transport, ce que nous appelons ici *rema*. J'ai fait prix avec un muletier, qui m'a hissé sur une de ses bêtes pour une bien petite rétribution. Beaucoup de gens en Espagne voyagent de cette manière ; on y gagne de marcher en nombreuse compagnie, ce qui n'est pas un mince avantage sur certaines routes ; puis on voyage à peu de frais. Ce sont là les aubaines des muletiers, qui ne rendent pas compte à leurs maîtres de l'argent qu'ils reçoivent des voyageurs : aussi sont-ils les premiers, lorsqu'ils aperçoivent un piéton, à lui offrir un de leurs mulets, pour deux, trois, quatre réaux (1). »

M. Germon ne voulut pas insister auprès de Lopez, pour ne point froisser son amour-propre ou blesser sa délicatesse, et il le laissa maître de s'arranger comme il l'entendrait. Le lendemain, lorsqu'il fallut partir, D. Lopez ne se trouva pas ; l'hôte dit qu'il était en route depuis trois heures du matin, et que probablement on le retrouverait à Mataro, qui n'était qu'à *deux petites lieues* d'Arenys, c'est-à-dire à trois lieues de France. Cette prévision se réalisa. La première personne que nos voyageurs aperçurent

(1) Le réal vaut à peu près cinq sous ; c'est le quart de la piècette, qui vaut un peu plus d'un franc. Cinq piècettes forment le *peso duro* ou piastre. La piècette vaut trente-quatre ochavos, petite monnaie de billon valant à peu près huit deniers de France.

en approchant de Mataro, ce fut D. Lopez, tranquillement assis sous un des orangers qui bordent la route, et mêlant au parfum des fleurs les nuages noirâtres de fumée qui sortaient de son cigare. Il alla au-devant des deux Français, qu'il invita à mettre pied à terre afin de jouir de la délicieuse promenade qui sert d'avenue à la ville. Gustave ne se serait point fait prier, mais il craignait de contrarier son mentor. Celui-ci donna un coup d'œil en signe de consentement; et, léger comme un oiseau, Gustave sauta en bas de sa mule et courut aider M. Germon à descendre. Mais déjà Lopez s'était chargé de ce soin. L'ordre fut donné au muletier de se rendre à l'auberge du Cheval-Blanc, à l'entrée de la ville.

« Il est maintenant huit heures du matin, dit Lopez; en partant à midi nous arriverons à Barcelone avant la nuit, et nous aurons le temps de voir ce que Mataro renferme de plus curieux. C'est ici que se trouvent les premiers beaux orangers en pleine terre, et vous pouvez concevoir dès ce moment quelle est ici la douceur du climat, puisque les plus rudes hivers n'y endommagent point ces arbres précieux.

— Oh! s'écria Gustave, si ces magnifiques allées pouvaient se trouver tout d'un coup dans notre place de Bellecour à Lyon!

— Ou dans les Champs-Élysées à Paris, ajouta M. Germon en riant.

— Messieurs, reprit Lopez, chaque pays a ses avantages: ne soyons pas jaloux les uns des autres, et sachons jouir chacun de ceux que la nature nous a départis. »

Tout en causant, nos voyageurs arrivèrent à la ville par le côté bâti à neuf depuis peu d'années, et restauré après le départ des Français. Toute cette partie est remarquable par sa beauté et sa régularité. Elle l'est surtout par ses filatures de coton, ses manufactures de bas de soie et de coton, sa fabrication de dentelles, de blondes, de mouchoirs, de velours, de bouchons de liége, ses verreries, etc. En leur qualité d'étrangers et de Français, nos voyageurs demandèrent à être admis dans plusieurs de ces fabriques; et ils s'aperçurent aisément que dans quelques-unes ils étaient très-bien accueillis, tandis que dans les autres on les recevait avec une politesse plus que froide; encore fallait-il l'intervention de Lopez pour que l'entrée ne leur fût pas refusée.

Gustave paraissait étonné de ce contraste; M. Germon l'était beaucoup moins, parce qu'il en devinait la cause; il laissa Lopez l'expliquer. « Les Catalans, dit celui-ci, forment dans l'Espagne un peuple à part; ils n'ont guère de rapports physiques et moraux qu'avec mes compatriotes les Valenciens. Encore la ressemblance avec ces derniers est-elle très-imparfaite: fier comme le Castillan, têtu comme le Biscayen, opiniâtre comme l'Andalous, intéressé comme Judas, le Catalan méprise tous les peuples voisins, Espagnols et Français. Votre Louis XI les connaissait bien, car, lorsqu'ils offrirent une fois de se donner à lui, il n'en voulut d'aucune manière. Arriva plus tard la guerre de la succession, et ils n'hésitèrent pas à livrer leurs villes à l'archiduc et à le servir de leurs bras et de leurs trésors; et c'est beaucoup dire, car ils sont très-intéressés. Philippe V, vainqueur, punit la révolte prolongée des Catalans par la privation de leurs priviléges; il les priva aussi du port d'armes. On assure que dans chaque maison il n'était permis d'avoir qu'un seul couteau; encore ce couteau devait-il être attaché par une chaîne de fer à un coin de la table à manger. Cela ne contribua pas à faire aimer les Français. Les Catalans, il est vrai, recouvrèrent leurs priviléges, mais leurs affections ne changèrent pas d'objet: je vous en ferai voir une preuve à Barcelone. L'invasion de 1808 et la manière peu courtoise dont les troupes françaises s'emparèrent de Figuières, de Girone, de Barcelone et du Montjouy, rendirent cette haine plus active et plus implacable. Aussi dans cette guerre ont-ils fait beaucoup de mal aux Français; l'expédition du duc d'Angoulême, qui avait pour but la réintégration de Ferdinand dans ses droits méconnus, n'a pu réconcilier les deux peuples. Aujourd'hui les Catalans, de même que les autres Espanols, sont divisés en royalistes et en constitutionnels, et ils traitent les Français suivant que les opinions politiques qu'ils leur supposent s'accordent avec leurs propres opinions ou qu'elles s'en éloignent.

« Mais c'est assez s'entretenir de choses sérieuses qui n'amusent pas trop M. Gustave. Prenons le chemin de la mer, et vous verrez sur la plage ou dans les chantiers cent bâtiments en construction. A la vérité, ce ne sont que de petits vaisseaux marchands, peu propres aux voyages de long cours; c'est tout autant qu'il en faut pour le commerce du pays, qui ne consiste guère qu'en un perpétuel cabotage. »

M. Germon et Gustave furent surpris de l'activité vraiment extraordinaire qui régnait sur le port de Mataro. On eût dit que tous les habitants de la ville étaient là ; et, en effet, il est certain que les trois quarts au moins s'occupent exclusivement de constructions navales. La plupart des bâtiments qui parcourent les côtes depuis le cap de Creus jusqu'à Cadix sortent des chantiers de Mataro.

Après avoir parcouru la ville dans tous les sens, on reprit le chemin du Cheval-Blanc. L'auberge était assez bonne, ou du moins elle le paraissait; nos voyageurs ne firent qu'y déjeuner, et il est certain que, pour des palais espagnols, ce déjeuner eût été délicieux. Il consistait en une entrée de poisson, une seconde entrée de gibier et un poulet gras à la broche. Les deux entrées avaient une sauce couleur d'or, qui plaisait à l'œil plus qu'au goût. Cette belle couleur avait été donnée au moyen du safran, mais cette substance n'avait pu transmettre à la sauce ses molécules colorantes sans lui communiquer son arome ; et la première fois qu'on touche à un ragoût safrané, on lui trouve un goût sauvage et détestable; mais on s'y accoutume aisément, et l'on est tout surpris au bout de quelques mois de trouver bon ce qui avait semblé si mauvais; les deux sauces étaient au surplus relevées non par des champignons et des truffes, mais par des grains de raisin sec, des figues sèches et des pruneaux. Gustave fit d'abord la grimace; mais l'appétit l'emporta sur la répugnance, et quand il se leva de table il était presque réconcilié avec les pruneaux et les figues au gras. Le poulet rôti était pareillement farci des mêmes ingrédients.

Quand on eut fini le déjeuner, D. Lopez voulait payer son écot; M. Germon s'y opposa. « Quand nous nous séparerons, lui dit-il, et je désire que ce soit le plus tard possible, je vous présenterai notre compte de dépense, auquel je joindrai, si vous le trouvez bon, mon compte de recette, et je crains bien que celui-ci n'excède l'autre. » D. Lopez voulait répondre; mais M. Germon d'un côté, Gustave de l'autre, l'entraînèrent dans la cour, où les trois mules déjà bridées attendaient leurs cavaliers. Quant aux malles de nos voyageurs, elles étaient sur un chariot dont le conducteur partait de conserve avec le muletier. La petite caravane se mit en marche vers une heure de l'après-midi. A sept heures du soir elle entra dans Barcelone. Il restait encore assez de jour pour jouir du superbe aspect de la riante campagne au milieu de laquelle cette ville s'élève. C'est le centre d'un vaste commerce et d'une industrie qui s'étend à une infinité de branches; aussi tout autour d'elle est animé, vivant, pittoresque. Gustave était enchanté, et comme il avait été décidé qu'on passerait quinze à vingt jours à Barcelone, il se promettait intérieurement de bien employer ce temps, et de ne pas laisser le plus petit recoin de Barcelone ou de ses alentours sans l'avoir bien exploré.

Barcelone est une ville très-commerçante, la plus industrieuse peut-être de toute l'Espagne. Elle s'élève entre le Llobregat et la rivière de Besos, sur le bord de la mer, au fond d'une large vallée parfaitement cultivée, et qu'on arrose à volonté au moyen de norias toujours en mouvement. Elle a été souvent prise et reprise, dévastée même plus d'une fois; mais, grâce à son heureuse position, à la fertilité du sol et à l'industrieuse activité des habitants, elle s'est toujours promptement rétablie. Elle a aujourd'hui des remparts solides, flanqués de bastions et défendus par des fossés larges et profonds. Dans l'intérieur on voit à chaque pas de beaux édifices, des places ornées de fontaines, des promenades ombragées de quatre rangées d'arbres, des établissements publics d'instruction, des maisons de bienfaisance, des fabriques de toute sorte, des manufactures de draps et surtout de soieries.

La belle promenade de la Rambla, composée d'une large route et de deux vastes contre-allées, traverse la ville entière de l'est à l'ouest, la séparant ainsi en deux parties, la ville vieille au nord et la ville neuve au sud; celle-ci est sans contredit la plus belle cité de la Péninsule, non par son étendue, mais par la régularité, la largeur de ses rues et la beauté de ses édifices. On remarque l'hôtel de ville, d'une architecture élégante; le palais de justice (*de la Real-Audiencia*), où l'on garde les fameuses archives de la couronne d'Aragon ; la Bourse (*Lonja*), édifice simple, mais majestueux ; l'hôtel de la douane, recommandable par le goût qui a présidé aux constructions ; la cathédrale, bâtiment d'architecture sarrasine très-hardi ; l'église Saint-Michel, qu'on prétend avoir été un temple de Neptune.

Mais ce qui surtout mérite de fixer les regards des curieux, c'est l'ouvrage immense qu'on appelle la *muraille de la mer*. C'est une véritable digue de géants qui empêche le port d'être envahi par les sables que charrie continuellement le Besos. Cet ouvrage n'est pas encore achevé ; les circonstances politiques y ont mis obstacle. Si jamais il se termine, le port de Barcelone deviendra sans contredit le plus vaste, le plus sûr et le plus commode de la Péninsule sur la Méditerranée. Tel qu'il est aujourd'hui, il reçoit, année commune, mille vaisseaux nationaux ou étrangers. Au sud de la ville, au sommet d'un rocher, s'élève le fort Montjouy, qui domine et défend la place et le port.

Dans une de leurs excursions dans la ville, D. Lopez fit remarquer à ses deux amis une vaste maison qu'on laisse tomber en ruine. « Cette maison, leur dit-il, ou plutôt cet hôtel, appartient à la famille de Pinos, l'une des plus riches du pays. Voyez-vous ces tronçons de colonnes, ces fragments de statues antiques qui décoraient autrefois cette cour ? Suivant une vieille tradition bien connue ici, le chef de cette famille, s'étant jeté dans le parti de l'archiduc, aurait recommandé en mourant à ses héritiers de ne point réparer ou relever cette maison, que les bombes avaient fort endommagée durant le siége de Barcelone par le duc de Berwick, afin que ses ruines portassent à la postérité le souvenir de son dévouement au souverain qu'il avait choisi : tant il est vrai, comme je vous le disais hier en parlant des Catalans, que chez beaucoup d'entre eux les cœurs n'ont pas changé ; car le vœu de Pinos a été accompli religieusement par ses descendants. »

Le lendemain de leur arrivée, nos voyageurs allèrent voir Barcelonette, aux portes de la ville, du côté du nord. C'est une ville toute nouvelle, bâtie depuis un demi-siècle ; vingt grandes rues tirées au cordeau, se coupant à angles droits, composent ce beau faubourg. Toutes les maisons, de construction uniforme, ont leurs croisées ornées de balcons ; beaucoup d'entre elles offrent des toits en terrasse ; mais toutes ces maisons, qui se ressemblent, produisent un effet monotone qui finit par fatiguer. Barcelonette renferme cinq à six mille âmes ; les derniers recensements en donnent cent cinquante mille à Barcelone, malgré ce qu'elle a souffert en 1821 de la fièvre jaune, et les pertes qu'elle a éprouvées plus tard par les guerres intestines.

Avant de s'éloigner de l'ancienne Barcino, M. Germon et Gustave, accompagnés de leur fidèle Espagnol, se rendirent à Cordona, petite ville distante de la capitale d'environ deux journées, pour voir de près sa riche mine de sel gemme. D. Lopez avait cherché à leur donner une idée du magnifique spectacle qui allait s'offrir à leurs yeux; mais rien de ce qu'il avait pu leur dire ne pouvait représenter l'effet prodigieux de ces vastes carrières, taillées à ciel ouvert dans un dépôt salin haut de plus de cent mètres, qui, frappé obliquement par les rayons du soleil, brillait de toutes les couleurs de l'iris. Il y a des bancs de sel limpide qu'on prendrait pour du cristal de roche; il y en a qui offrent toutes les nuances du rouge et du bleu; d'autres sont encore mêlés d'argile grisâtre. Vue à peu de distance, cette masse saline, unique en Europe par ses pointes, ses crêtes saillantes, ses flancs déchirés, qui réfléchissent et renvoient la lumière en tous sens, ressemble à une montagne de pierres précieuses surpassant en éclat tout ce que l'imagination orientale a créé dans ses descriptions de palais enchantés, ouvrage des esprits et des génies. Les produits de cette mine sont immenses. Ses cristallisations, au reste, ont tant de densité, qu'on peut en extraire des fragments qu'on travaille et qui peuvent recevoir le plus beau poli.

« Nous voici à moitié chemin de la *Seu d'Urgel*, dit D. Lopez à ses compagnons de voyage. C'est une petite ville épiscopale, qui n'a pas trois mille habitants et qui n'offre rien de curieux à voir, à l'exception de sa cathédrale, qui au surplus n'est pas bien remarquable. Aussi je ne vous propose nullement de faire douze à quinze lieues [illegible]ur vous y rendre; mais je vous en parle pour plusieurs raisons. Cette ville jouissait autrefois du titre de comté, et elle eut pendant longtemps de petits souverains indépendants qui, plus d'une fois, soutinrent la guerre contre les comtes de Barcelone; mais ce temps est passé. En 1823, Urgel devint le siége de la *junte apostolique*, qui se nomma ainsi par opposition à la junte constitutionnelle, laquelle, poussée de poste en poste, alla s'enfermer dans Cadix, emmenant le roi Ferdinand.

« J'ai encore une raison pour vous en parler, ajouta D. Lopez. Il existe dans les Pyrénées, entre votre département de l'Arriége au nord et à l'ouest, celui des Pyrénées-Orientales à l'est, et la grande chaîne des Pyrénées au midi, une vallée qui peut avoir trois à quatre lieues sur deux. C'est le val d'Andorra, qui compte douze à treize mille habitants, répartis entre six bourgades et plusieurs hameaux. Le sol est pierreux et peu fertile, le pays pauvre, l'industrie nulle, le climat rude; mais les Andorrans jouissent d'une constitution particulière avec laquelle ils se croient libres. Ils vivent sous la protection de la France, et, quant à la juridiction spirituelle, sous le patronage de l'évêque d'Urgel. Les six bourgades forment entre elles une république fédérative, que gouverne un conseil de vingt-quatre membres, lequel siége à Andorre : ce sont les anciens et les notables du pays; le pouvoir exécutif réside aux mains de deux syndics que le conseil nomme. Les Andorrans prétendent que ce fut Charlemagne qui leur donna l'indépendance, pour prix des services qu'ils lui avaient rendus contre les Arabes lorsqu'il se rendit en Espagne. Seulement il s'était réservé quelques droits que Louis le Débonnaire transmit à l'évêque d'Urgel. Pendant la guerre de 1793, les habitants surent se maintenir dans une parfaite neutralité, ce qui valut à leur pays une paix profonde pendant que tout s'embrasait autour d'eux; sous Napoléon, ils demandèrent à faire partie du grand empire, ce qui leur fut accordé. Depuis ce moment, le val d'Andorra est censé faire partie de la France, mais il n'en est pas moins resté sous la juridiction spirituelle de l'évêque d'Urgel. »

CHAPITRE IV

Départ de Barcelone. — Molins-de-Rey. — Route de Valence. — Montserrat.

La sortie de Barcelone est magnifique : les deux côtés de la grande route sont plantés de très-beaux arbres, et une quantité prodigieuse de maisons de campagne, que dans le pays on appelle *torres* (1), se présente de toutes parts à l'œil du voyageur. Tantôt assises sur la croupe des montagnes, tantôt placées au milieu des vastes prairies ou sur le bord du chemin, elles donnent à la campagne l'air d'un village immense qui s'étend jusqu'au bord de la mer.

Nos voyageurs s'entretenaient encore de la beauté du paysage qu'ils venaient de traverser, lorsqu'un nouveau spectacle vint donner à leurs idées un autre cours. Ils arrivaient au Llobregat, qu'on traverse sur un pont magnifique. Ce pont, long d'environ deux cents toises, tout en marbre rouge, est d'une construction solide quoique peu élégante, et dans sa lar-

(1) Tours; on leur donne ce nom parce qu'à chacune il y a un belvédère qui s'élève en forme de tour que termine une terrasse.

geur, qui est proportionnée à sa longueur, il offre aux piétons deux larges trottoirs ; un mince filet d'eau coulait alors humblement sous une des arches. « Je m'attendais, dit Gustave, en voyant ce pont d'un peu loin, à traverser quelque fleuve comme notre Rhône, et quand on est sur le pont il faudrait presque un microscope pour apercevoir sa rivière.

— Ce ne sera pas la dernière fois que vous ferez une remarque de ce genre, répliqua D. Lopez ; car en arrivant à Madrid vous aurez le même spectacle. Le Llobregat, il est vrai, éprouve quelquefois de fortes crues ; mais une arche ou deux au plus auraient suffi pour recevoir toutes ses eaux. Voilà comme nous sommes ici, rien ne se fait à propos. Il ne faut pas être pourtant doué d'un grand génie pour concevoir que, lorsqu'on bâtit du grandiose sur un fond mesquin, on n'empêche pas le fond de rester mesquin, et on gâte le grandiose. Autrefois, continua-t-il, on passait le Llobregat sur un pont que, dans un instant, vous apercevrez assez près de la grande route, avant d'arriver à Martorel. Il est très-étroit et ne se compose que d'une seule arche, dont les naissances reposent sur les berges des deux rives, dans un lieu où la rivière coule encaissée à une très-grande profondeur. Il est d'une haute antiquité, et l'on croit qu'il fut construit par les Romains. »

A peu de distance de Molins-de-Rey, la route se bifurque : l'une de ses branches conduit à Tarragone, c'est celle de gauche ; l'autre, celle de droite, conduit à Martorel.

« Si vous connaissez la première de ces routes, dit M. Germon en s'adressant à D. Lopez, veuillez nous en parler, car il est fort douteux que, durant le peu de mois que nous avons à passer en Espagne, nous puissions en visiter toutes les parties ; dites-nous, je vous prie, quel fut le résultat de vos observations sur les lieux que l'on traverse avant d'arriver à Valence.

— Bien volontiers, répondit D. Lopez ; et je puis sur ce point satisfaire votre curiosité, car j'ai fait ce chemin plusieurs fois avant et depuis les guerres, et même depuis nos dernières révolutions. J'ai toujours aimé à voyager. Jeune, je voyageais souvent malgré moi, car j'ai eu l'honneur de porter le mousquet, puis l'épée, ce qui signifie que j'ai parcouru la carrière militaire, depuis le grade de fusilier jusqu'à celui de capitaine inclusivement ; mais l'amour de l'indépendance, qui m'a toujours dominé, me fit donner ma démission après la mort de mon père, afin de pouvoir jouir à mon gré de la petite portion de patrimoine qui me revenait. Pour avoir moins de soucis je m'arrangeai même avec mon frère aîné, qui est au fond un excellent homme, et je lui ai cédé tous mes droits successifs pour une rente viagère de sept mille réaux (1750 francs), qu'il me paie très-exactement, et que je dépense très-régulièrement à voyager par toute l'Espagne.

« Mais revenons à la route de Valence. Le premier lieu qu'on y trouve est le village de la Palma, bâti sur un plateau élevé, d'où la route descend en zigzag jusqu'à la petite ville de Villafranca, peuplée d'environ six mille âmes et située à l'entrée d'un vallon extrêmement fertile. En sortant de cette ville on entre dans une forêt de pins, qui donne de bon bois de construction aux chantiers de Barcelone et de Mataro. Après la forêt, on traverse des vignes et des prairies qui s'étendent jusqu'au bourg d'Arbos, qui conservait encore des murailles et des fossés avant l'invasion des Français ; ceux-ci ont comblé les fossés et abattu les murailles. D'Arbos, on arrive par une descente assez rapide au village de Vendrell, d'où l'on sort par un arc de triomphe qu'on attribue aux Romains ; il a été construit en pierre de taille, et il s'est assez bien conservé. La couchée ordinaire des piétons est la *venta* (hôtellerie) *de la Figuereta*, ainsi nommée parce que, pour la construire, il fallut abattre quelques figuiers, et que l'hôte prit un figuier pour enseigne.

« Le lendemain on arrive à Tarragone. La première fois que je vis cette ville, j'éprouvai un grand désappointement. Je savais par l'histoire que sous les Romains elle était riche, populeuse, puissante, qu'elle donnait son nom à la plus grande province de l'Hispanie, que mille monuments publics l'embellissaient, que dans sa vaste enceinte elle embrassait plusieurs lieues de terrain, que vingt générations nombreuses étaient sorties de ses murs ; et maintenant je ne voyais que des maisons tristes, mal bâties, portant tous les signes de la décadence. O Tarragone ! Tarragone ! me disais-je, que sont devenues tes anciennes grandeurs? Qui t'a réduite à cet état de dénûment? qui a substitué des ruines à tes édifices? Hélas! celui qui ronge tout, qui détruit tout, qui dévore tout: c'est le temps, de sa main impitoyable. Tarragone n'est plus aujourd'hui qu'une ville de troisième ordre en Espagne, quoiqu'elle conserve encore le rang de métropole et que son archevêque conteste la primatie à celui de Tolède. Sa population n'est que de dix à onze mille âmes. On y voit quelques fabriques peu importantes. On travaillait à cette époque à réparer et à creuser son port, et malgré les fréquentes interruptions que ces travaux ont dû éprouver, ils ont produit néanmoins une amélioration sensible. Aussi Tarragone s'est-elle un peu relevée de l'état de décadence absolue où elle était tombée.

« J'allai voir les précieux restes de ses antiquités, les ruines d'un amphithéâtre, d'un cirque, et d'un palais qui, dit-on, fut jadis habité par Auguste. Ensuite je remarquai parmi les édifices modernes la cathédrale, beau monument de l'architecture du moyen âge; c'est l'une des plus belles églises de la Péninsule. Je vis aussi l'aqueduc qui porte dans Tarragone les eaux d'une source abondante; il est construit sur les fondements de l'ancien aqueduc romain. C'est à la munificence d'un de ses archevêques que Tarragone en doit le bienfait. Cette ville possède encore divers établissements utiles: une société économique, un séminaire, une école de dessin pour la marine et l'architecture, etc. On me dit à l'auberge où je fis mon déjeuner, qu'il y avait non loin de

Tarragone un reste d'antiquité que tous les voyageurs allaient visiter. C'est, ajouta-t-on, un vieux tombeau de grandes proportions et bien conservé, qui, d'après la tradition générale, renferme les cendres des *seigneurs Scipion*. Je ris de la bonhomie de l'hôte, qui parlait des Scipion comme il aurait parlé des seigneurs de Lara ou des seigneurs de Guzman; puis, comme je me méfie beaucoup des traditions populaires, je me décidai à continuer ma route sans la prolonger de deux à trois lieues pour le plaisir de voir quelques pierres mal taillées mises l'une sur l'autre.

« Je préférai me rendre à la jolie ville de Reus, que j'apercevais sur ma droite en sortant de Tarragone. A la fin du XVIIIe siècle, cette ville n'était encore qu'un mince village; mais l'industrie de ses habitants, favorisée par les circonstances, avait fait de si rapides progrès, que, lorsque j'ai traversé Reus, il y a quinze à dix-huit ans, c'était une grande ville toute neuve, peuplée de trente mille individus actifs, livrés au commerce et à l'industrie manufacturière. Il faut dire que les événements qui se sont succédé depuis la mort de Ferdinand ont porté un coup terrible à sa prospérité; mais je sais que sa population arrivait encore, il y a deux ans, à vingt-cinq mille âmes, et qu'elle tendait toujours à augmenter. C'est par le petit port de *Salou*, entre Cambrils et Tarragone, que Reus exporte les produits très-variés de ses fabriques.

« Au delà de Cambrils, il faut commencer à gravir

la montagne pour arriver à la *venta de Balaguer*, assise sur le sommet. De là jusqu'à une autre chétive hôtellerie qu'on appelle *venta del Plate*, on fait quatre à cinq lieues dans le pays le plus désert que j'aie vu de ma vie; c'est une affreuse solitude : soit qu'on s'élève sur l'âpre cime des rochers, soit qu'on descende au fond des gorges, où l'on est pour ainsi dire enseveli, on ne découvre aucune habitation, aucune trace de culture, rien qui annonce la présence des hommes. Des rochers nus et arides sous mille formes différentes, des enfoncements noirs et sombres où le soleil ne luit jamais, des ravines profondes, des précipices abruptes, tel est le fatigant spectacle que, pendant plusieurs heures, on a sous les yeux. Au delà de la *venta del Plate*, le chemin est beau et découvert; on se croit tout à coup transporté sous un autre ciel. Je m'y arrêtai près d'une heure avec délices, comme si je venais d'échapper à un très-grand péril, ou plutôt comme le matelot qui, battu par la tempête, entre enfin dans le port, et, assis sur le rivage, contemple avec sécurité les flots en fureur qui viennent se briser sous ses pieds.

« A une lieue de l'hôtellerie, je trouvai le village de Perello au fond d'un bassin entouré de montagnes. On m'y parla beaucoup d'une bande de voleurs qui s'était établie depuis quelque temps sur le *coll de Balaguer*, et qui étendait ses ravages du sud au nord, depuis Perello jusqu'à Cambrils, et de l'est à l'ouest, depuis la mer jusqu'à l'Èbre et le village de Ginestar. On me demanda si je n'avais rien vu, rien entendu ; on me parla des vols qui se commettaient presque tous les jours, et je m'estimai très-heureux d'avoir franchi impunément ce dangereux passage.

Une marche de six heures conduit à l'Èbre sans passer par Tortose, qu'on laisse sur sa droite. Si je n'avais voyagé que pour mon plaisir, j'aurais quitté la grande route pour aller visiter cette ville ; mais j'étais pressé d'arriver à Valence; il fallut me contenter d'apprendre de mon batelier, en traversant l'Èbre dans un bac en face d'Amposta, que Tortose possède un évêché et plusieurs beaux édifices, des restes d'antiquités romaines et arabes, un port assez fréquenté, et quinze à seize mille âmes de population,

« L'Èbre est un beau fleuve, il se jette dans la mer à deux lieues au-dessous d'Amposta, et forme à son embouchure une île qu'on appelle *Buda*, et dont la pointe orientale porte le nom de *cap de Tortose*. Dans son cours de cent ciquante lieues, depuis la vallée de *Reynosa*, dans la province de Santander, jusqu'à la Méditerranée, il reçoit par ses deux rives de nombreux affluents, dont plusieurs, le Jalon, l'Aragon, le Gallego, la Sègre, etc., sont des rivières considérables; aussi le volume de ses eaux sous Amposta se développe-t-il sur une largeur de deux cent cinquante à trois cents toises. Ce village d'Amposta est peu important; il sert en quelque sorte de faubourg à la ville de San-Carlos, dont les fondements furent jetés en 1792; cette ville a été destinée à servir d'entrepôt au commerce qui se fait par le fleuve ; un canal, qui commence au-dessous d'Amposta et qui aboutit au port des Alfaques, en face de San-Carlos, unit le fleuve à la mer, et les navires peuvent, par ce canal, entrer dans l'Èbre et le remonter, sans être obligés de franchir tous les obstacles qu'il leur présente à son embouchure. Les travaux, suspendus par les événements politiques en 1808, repris plus tard, ont été terminés; mais je doute que jamais cet établissement prospère. La nature du terrain, humide et sablonneux, oppose un obstacle presque insurmontable aux efforts du cultivateur, et la mauvaise qualité de l'air, l'insalubrité du climat nuisent à l'accroissement de la population.

« Après une marche d'une heure, je traversai la Cenia sur un pont d'une arche; cette rivière sépare la Catalogne du royaume de Valence, où l'on trouve d'abord Vinaroz, au milieu d'une campagne fertile. Six lieues d'un pays rocailleux et inculte séparent Vinaroz d'Alcala-de-Gisvert, qui s'élève dans un vallon tout couvert de caroubiers. Cropesa est une petite ville située sur des rochers voisins de la mer. On n'y arrive que par un chemin taillé dans les flancs du rocher. Après avoir laissé derrière moi cette ville, j'allai passer la nuit dans une mauvaise hôtellerie qui est au bord de la mer. De cette hôtellerie à *Castellon de la Plana*, il y avait autrefois un chemin presque impraticable, à travers un pays affreux. Cette route a été réparée, et durant l'occupation des Français on y voyageait en diligence. La diligence, il est vrai, s'arrêtait la nuit; mais on avait construit des auberges commodes. Le pays seul est toujours le même : une chaîne de montagnes nues et arides à droite, une longue forêt de caroubiers à gauche.

« Castellon est une jolie ville assez bien bâtie, à une petite demi-lieue de la mer; la campagne qui l'entoure est remarquable par sa fertilité. La ville contient, suivant les derniers recensements, quinze mille habitants. Dans trente ans, sa population a presque doublé, car on n'y comptait en 1808 que huit à neuf mille âmes. Au delà de Castellon, on traverse la plaine d'Almenara, où les troupes de l'archiduc remportèrent sur les généraux de Philippe une victoire achetée par des torrents de sang. De Castellon à Valence, c'est-à-dire sur un espace d'environ douze lieues, le chemin est superbe. C'est une immense chaussée, qui tantôt s'élève sur des bas-fonds ou suit les détours des vallées, et tantôt monte sur les coteaux; qui traverse des bois d'oliviers et de caroubiers, des villages riants ou de vertes prairies, de vastes plantations de mûriers ou des plaines couvertes de vignes. On sent qu'on approche de Valence, de ce beau pays que toute l'Espagne appelle un jardin (*la huerta*).

« Je ne vous parle ni d'Almenara ni de Nules, mais je vous dirai quelques mots de Murviedro. Murviedro, c'est l'ancienne Sagonte, alliée fidèle de Rome, ennemie des Carthaginois, dont les habitants, après une défense héroïque, aimèrent mieux s'ensevelir sous les ruines de leur cité que de subir le joug carthaginois. Elle était bâtie sur le dos d'une haute colline, et elle montre encore dans les débris de ses remparts les restes de sa grandeur. Quand les Goths, succédant aux Romains, envahirent l'Espagne, cette ville, qui avait eu le temps de réparer ses pertes, conservait encore ses vieilles murailles, ce qui lui valut de la part de ses nouveaux conquérants le nom de *Murvetum* (*murus vetus*). Il n'est pas possible de faire un pas à Murviedro sans poser le pied sur quelque fragment antique : ce sont des tronçons de colonnes, de frises, de statues, de torses mutilés, d'inscriptions, qui attestent que rien ne résiste à la faux du temps. J'allai visiter le théâtre : quelques parties sont encore entières ; on distingue très-bien les gradins circulaires où se plaçaient les spectateurs, de même que le lieu destiné aux magistrats et à leurs licteurs.

« Ici je m'arrête ; je ne vous dis rien de Valence, parce que c'est une ville qu'il faut voir de ses propres yeux ; voici d'ailleurs qui va nous occuper. Nous arrivons au pied du Montserrat. » D. Lopez disait vrai, et le voiturier, arrêtant ses mules, ouvrait la portière pour aider ses voyageurs à descendre.

Vue d'un peu loin, la montagne paraît tout à fait détachée de la chaîne voisine, qu'elle surpasse en élévation, et elle se compose de tant de rochers de forme conique, entassés les uns sur les autres, qu'on dirait une grande ville montrant ses clochers et ses tours. A mesure qu'on approche, l'illusion se dissipe, mais on n'aperçoit encore que des masses arides sans aucun signe de végétation. Il faut toucher de la main la montagne pour découvrir les trésors naturels qu'elle renferme dans ses vallons, dans ses gorges, dans les déchirures qui sillonnent ses flancs : des bosquets, des jardins, des prairies. Ce n'est qu'alors aussi qu'on aperçoit les ermitages qui servent de retraite à de pieux cénobites ; il y en a de quinze à vingt, plantés sur la cime des rochers et s'élevant en échelons. Auprès du dernier, on trouve une chapelle dédiée à saint Jérôme.

On jouit, de cette chapelle, du plus magnifique tableau : l'œil se promène en liberté sur de vastes plaines que la mer termine à l'orient ; à cinq à six lieues de distance, le monastère et l'église s'élèvent sur le penchant de la montagne à une hauteur médiocre ; les religieux appartiennent à l'ordre de Saint-Benoît. L'église est de construction gothique, et les ornements qui en décorent l'intérieur ne sont pas du meilleur goût. Depuis plusieurs siècles la piété des fidèles y accumulait par de riches offrandes l'or et l'argent. Avant l'occupation française, elle possédait une quantité prodigieuse de lampes d'argent, de croix, de chandeliers, etc., du même métal. Les vêtements de la sainte Vierge, patronne du lieu, étaient de la plus grande magnificence ; les diamants et les pierreries y brillaient d'un vif éclat. Toutes ces richesses avaient disparu ; la guerre, qui ne respecte rien, avait porté jusque dans le sanctuaire ses profanations et sa fureur ; et, pour soustraire les trésors de ce monastère aux déprédations des soldats, on les avait transportés loin de ces lieux. Après la retraite des armées françaises, les dépositaires de ces objets précieux les ont rendus à l'église ; mais à la nouvelle des insurrections populaires on les a fait de nouveau disparaître ; cependant le sanctuaire de la sainte Vierge continue toujours d'attirer les pèlerins, et le souvenir des vertus qui honoraient ces paisibles retraites vit encore dans la mémoire des Espagnols. L'hospitalité que ces religieux exerçaient envers les étrangers, quels qu'ils fussent, était digne d'admiration ; elle prouvait contre les détracteurs d'une religion sainte, toute de paix et d'amour, que la pratique des devoirs humains n'est pas incompatible avec le culte des autels. Tous les voyageurs étaient défrayés pendant leur séjour ; les malades étaient reçus dans un hôpital où tous les soins les entouraient ; les pauves y recevaient des secours pour continuer leur route.

CHAPITRE V

Saragosse. — L'Aragon. — Arrivée à Madrid.

Le lendemain de leur départ de Montserrat, nos voyageurs et D. Lopez arrivèrent à Cervera, petite ville située au sommet d'une éminence isolée, qui n'est remarquable que par son université, laquelle attire beaucoup d'étudiants catalans. Cet établissement est dû à Philippe V, qui voulut récompenser par là cette ville d'avoir gardé le serment de fidélité qu'il en avait reçu.

De Cervera à Lérida on traverse une campagne assez bien cultivée. Cette dernière ville est très-remarquable par sa position pittoresque, au milieu d'un vaste jardin que traverse la Sègre ; cette rivière, par cent canaux dirigés vers la plaine, porte au loin ses eaux fécondantes. Les maisons sont mal bâties et les rues étroites et tortueuses ; c'est un fâcheux contraste avec la situation de la ville au pied d'une montagne, d'où elle domine sur une superbe campagne. Lérida, sous le nom d'Ilerda, était connue des Romains. L'an 537 de Rome, Scipion y remporta sur les Carthaginois une grande victoire, et deux cents ans plus tard Jules César y battit les lieutenants de Pompée. Après avoir subi successivement le joug des Goths et celui des Arabes, elle fut conquise par Raymond Berenger, comte de Barcelone, vers le commencement du XIIIe siècle. Depuis cette époque elle a soutenu plusieurs siéges; elle eut même la gloire en 1647 de résister aux armes du grand Condé. Toutefois elle succomba sous les efforts du duc d'Orléans pendant la guerre de la succession. Ses fortifications sont en assez bon état; sa population est de treize mille âmes; elle a un évêché, et l'on trouve aux environs des fragments d'antiquités romaines.

Au-dessous de Lérida le pays est affreux. Autant l'œil se reposait avec plaisir sur les champs qu'arrose la Sègre et sur ses rivages couronnés de verdure, autant on éprouve un sentiment pénible à l'aspect des rochers arides qui se présentent en face, et qui partout offrent l'image d'une désolante stérilité. Une distance de trois lieues séparent Lérida de Fraga: c'est la première peuplade de l'Aragon qu'on rencontre sur cette route. Entre l'Aragon et la Catalogne, au delà du triste village d'Almaraz, s'élèvent les limites, consistant en deux piliers de pierres de taille, sur lesquelles sont gravées plusieurs inscriptions relatives à la destination de ces limites.

On arrive à Fraga par une descente rapide; cette petite ville, très-peu importante, est située heureusement sur la Cinca, dont les bords verdoyants dédommagent un peu le voyageur de l'aspect ingrat du pays qu'il vient de traverser. Vis-à-vis de Fraga, mais sur la rive opposée de la Cinca, qu'on passe sur un beau pont de bois, il y a un couvent d'anciens capucins où beaucoup de prêtres français proscrits pour le refus du serment, avaient trouvé un asile. La vallée de Fraga n'a guère plus d'un quart de lieue de large. Après qu'on l'a traversée on commence à monter, et, par un chemin assez beau, quoique très-rude, malgré ses nombreux contours sur le flanc de la montagne, on arrive au sommet au bout de trois quarts d'heure de marche.

Nos voyageurs avaient fait à pied la montée, tout en s'entretenant de la ville et de son histoire. « Au temps des Maures, leur disait D. Lopez, Fraga était devenue la capitale d'un petit État indépendant ; vous savez sans doute qu'après la chute du califat de Cordoue, un grand nombre de walis ou gouverneurs des villes ne voulurent plus reconnaître d'autorité supérieure. Ceux des provinces méridionales furent, il est vrai, subjugués par les Almoravides ; mais ceux du nord conservèrent leur indépendance. Le prince almoravide les laissait subsister comme une barrière entre les chrétiens et lui. Cependant Alphonse 1er d'Aragon, que nos vieilles chroniques désignent par le nom d'*Alphonse le Batailleur*, avait ajouté la ville de Saragosse à ses domaines, et il en avait fait le siége de son gouvernement. Pour assurer la prospérité de sa nouvelle ville, il voulut être maître du cours de l'Èbre, et il ne pouvait le devenir qu'en chassant les Maures de Méquinenza et de Fraga, que les infidèles possédaient encore. Méquinenza fut emportée d'assaut ; mais Fraga opposa une vive résistance. Les Almoravides firent diverses tentatives pour secourir la ville ; mais, ne pouvant réussir par la force, ils eurent recours à la ruse, et ils réussirent. Ils feignirent d'abandonner un convoi sur le plateau que nous allons trouver sur cette montagne ; les Aragonais donnèrent dans le piége, et, en cherchant à surprendre le convoi, ils se laissèrent pousser dans une embuscade où un grand nombre d'entre eux périrent (17 juillet 1134). Ce qu'il y eut de plus singulier, c'est que le roi, qui durant la bataille avait fait des prodiges de valeur, ne reparut plus parmi les vivants ni parmi les morts. Les chroniqueurs ont fait sur cet événement mille conjectures, mais ces conjectures n'ont rien éclairci, et l'on a toujours ignoré le sort de cet Alphonse qui avait gagné tant de batailles. La même chose était arrivée après celle de Guadalète ; on ne trouva pas le corps de Rodrigue, ou du moins on ne le reconnut point parmi les morts, et là-dessus on fit mille contes plus absurdes les uns que les autres. »

Nos voyageurs s'attendaient bien, d'après ce qu'avait dit D. Lopez, à voir un plateau de quelque étendue ; mais, à leur grande surprise, ils découvrirent une plaine immense qui de toutes parts n'avait d'autres bornes que l'horizon, nue, sèche, aride et frappée de stérilité ; seulement de distance en distance ils voyaient s'élever des croix de pierre ou même des croix de bois peintes en noir. Gustave s'était d'abord imaginé que ces croix annonçaient le voisinage de quelque lieu habité, ville ou hameau; mais, n'apercevant rien d'aucun côté, il demanda ce que signifiaient ces croix plantées comme dans un cimetière.

« C'est bien le nom qu'à la rigueur on pourrait donner à cette plaine, dit D. Lopez; mais il faut dire *cimetière des voyageurs*, car toutes ces croix que vous apercevez marquent autant d'assassinats commis sur le lieu où elles sont plantées. En voilà une sur le bord du chemin; lisez-en l'inscription: *Aqui mataron à Pablo Roca de Rosas*, etc. Ici fut assassiné Paul Roca de Rosas.

— Ah! dit Gustave, il ne fait pas bon voyager par ici la nuit.

— Le danger est beaucoup moins grand aujourd'hui, répliqua D. Lopez; la guerre a purgé en partie le sol de cette classe d'industriels; ce qui en reste n'est pas à craindre, et depuis bien des années il n'a plus été nécessaire d'ériger ici des croix mortuaires; vous le voyez, toutes ces inscriptions ont des dates anciennes: 1794, 1796, 1800, etc.

Ce plateau s'étend de l'est à l'ouest sur un espace de près de vingt lieues: c'est un véritable désert où de quatre en quatre lieues on trouve une mauvaise hôtellerie. Nos voyageurs heureusement avaient pris de sages précautions avant de quitter Lérida; ils s'étaient munis largement de vivres, ce qui les consola un peu de la monotonie du trajet. Ce ne fut que vers le milieu du troisième jour qu'ils découvrirent dans le lointain, à leur gauche, quelques bouquets d'arbres qui annonçaient la présence de l'Èbre; bientôt même on vit une végétation plus active, des champs mieux cultivés, des oliviers. Aux environs de *la Puebla*, qui n'est plus qu'à trois petites lieues de Saragosse, la campagne est très-belle; et depuis ce village jusqu'au *Gallego*, qui se jette dans l'Èbre par sa rive gauche, à un quart de lieue au-dessous de Saragosse, la route traverse de superbes bosquets d'oliviers et des vergers délicieux. Au delà de cette rivière, qui grossit considérablement dans l'hiver, et qu'on traverse sur un pont plusieurs fois emporté par les eaux et plusieurs fois reconstruit, le chemin devient magnifique : c'est une superbe avenue ornée sur toute sa longueur d'arbres antiques, dont l'épais feuillage présente aux rayons du soleil un obstacle qu'ils ne peuvent franchir. De tous côtés on découvre des jardins, des maisons de campagne, des canaux qui répandent au loin les eaux de la rivière, et la fertilité avec elles.

On entre dans Saragosse après avoir traversé l'Èbre sur un pont de sept arches, dont l'une, celle du milieu, a cent quatre-vingts pieds d'ouverture. La fondation de cette ville remonte à la plus haute antiquité ; ses habitants l'attribuent aux Phéniciens. Ce qui est certain, c'est qu'après l'expulsion des Carthaginois, elle devint colonie romaine sous le nom de *Cæsar Augusta*, d'où lui est venu très-probablement celui qu'elle porte aujourd'hui. Après l'invasion des Arabes elle éprouva le même sort que les autres villes de l'Espagne. Mais, au mois de décembre 1118,

Alphonse le Batailleur en prit possession, et depuis cette époque elle n'est plus retombée aux mains des musulmans. Ce prince en étendit considérablement l'enceinte, et il porta ses limites, qui n'allaient pas au delà de la rue du *Cosso*, jusqu'au rivage méridional de l'Èbre. La rue du Cosso est la plus belle de la ville et la plus fréquentée, elle sert même de lieu de promenade et de rendez-vous aux oisifs. La campagne qui entoure la ville est de la plus grande beauté. Quant à ses édifices, ils ne consistent guère qu'en églises et en monastères. Parmi les églises on distingue la *Seu* ou métropolitaine, siége de l'archevêché, et Notre-Dame-du-Pilier, *Neustra Senora* (*segnora*) *del Pilar*. Cette dernière église, sous l'invocation de la sainte Vierge, dont on voit l'image sur une colonne, est d'une architecture noble et hardie; mais sa façade mesquine répond mal à la magnificence de l'intérieur. Avant la guerre elle possédait de très-grandes richesses, et les a perdues en grande partie; elle a beaucoup souffert pendant le siége, de même que tous les autres édifices de ce genre. Personne n'ignore qu'en 1808 cette ville opposa la plus héroïque résistance aux efforts de l'armée française: chaque monastère était devenu une citadelle, chaque maison était une forteresse; à l'entrée des rues s'élevaient des barricades, et toutes les maisons, communiquant ensemble par des ouvertures pratiquées au mur mitoyen, se défendaient réciproquement. Les Français triomphèrent à la fin de tous les obstacles qu'ils trouvèrent dans l'indomptable courage des habitants; mais des torrents de leur sang coulèrent par les rues de la ville; et, lorsque enfin ils furent maîtres de la place, ils ne possédaient que des ruines et des tombeaux. Depuis cette époque, Saragosse s'est un peu relevée, et ses désastres ont été réparés en partie; des quartiers de la ville ont été rebâtis, d'autres seulement restaurés; et, quoique l'industrie manufacturière de cette ville ait beaucoup souffert, et que la guerre ait plus que décimé ses habitants, elle fait encore quelque trafic, et sa population s'élève à quarante-trois mille âmes.

Nos voyageurs allèrent visiter la bibliothèque publique, le séminaire et le lieu des séances de la société économique, qui a fondé des écoles de mathématiques, d'histoire naturelle et d'économie. Ils virent pareillement l'académie des beaux-arts et l'université, qui tient aujourd'hui en Espagne le second ou le troisième rang, à la considérer uniquement sous le rapport du nombre des jeunes gens qui vont y chercher l'instruction. Après avoir vu l'intérieur de la ville et remarqué encore dans beaucoup d'endroits la trace des boulets destructeurs, quoique trente ans aient déjà passé sur Saragosse depuis cette déplorable époque, Gustave et ses deux amis allèrent parcourir les alentours de la ville, et partout ils admirèrent la prodigieuse fécondité du sol.

« Oh ! s'écria M. Germon, si Saragosse avait pour habitants des Parisiens, des Parisiens accoutumés à triompher des obstacles que leur oppose un terrain crayeux, aride, ingrat, pour construire des jardins d'Armide, que cette campagne deviendrait belle et ravissante ! C'est la nature toute seule qu'on laisse agir ici ; et, seule, elle fait des merveilles ; que ne produirait-elle pas si l'art venait un peu à son secours !

— C'est une réflexion que j'ai faite souvent, répondit D. Lopez, quand j'ai parcouru beaucoup de provinces de l'Espagne. Mais on aurait bien de la peine en Aragon à rien changer aux usages du pays. Ni la guerre d'invasion, ni l'occupation française, ni le passage des Anglais, ni l'exaltation des partis n'ont pu changer ou altérer le caractère aragonais. C'est un rocher que les flots de la mer battent depuis plusieurs siècles sans pouvoir l'ébranler. L'Aragonais est froid et sérieux, souvent brusque et toujours un peu rude, même lorsqu'il s'efforce d'adoucir ses manières. Il est très-attaché à ses opinions, à son pays et à ses coutumes, opiniâtre, intraitable dès qu'on le contrarie. Le Catalan, son voisin, est avide de gain, mais actif et laborieux ; il sait plier ses goûts et son humeur aux circonstances. L'Aragonais, au contraire, indolent et paresseux, n'est jamais forcé de céder, parce qu'il se passe des autres ; on dirait qu'il aime à passer pour inflexible, car il se vante de se laisser rompre plutôt que de plier, comme la barre d'acier à laquelle on le compare. Le Catalan n'est pas moins attaché que l'Aragonais à son pays et à ses usages, mais il cède en apparence, sauf à reprendre ses habitudes aussitôt qu'il le peut.

« Cet attachement de l'Aragonais aux coutumes

héritées de ses ancêtres, l'a toujours empêché de se livrer aux grandes spéculations commerciales. Aussi, malgré l'heureuse situation de Saragosse entre un fleuve en partie navigable et le canal d'Aragon, au milieu d'un pays où la nature libérale est si bien disposée à répondre aux travaux du cultivateur, Saragosse n'a point de commerce. Vous ne voyez ni sur ses quais, ni sur ses places publiques, ce mouvement continuel que vous avez pu remarquer à Mataro, à Barcelone, mouvement qui favorise la circulation des richesses. Ici tout est triste, silencieux, monotone; la bourgeoisie y vit dans l'insouciance, le peuple est pauvre et malheureux, le noble orgueilleux et fier, méprisant tout ce qui n'est pas lui.

« Nous voici maintenant, continua Lopez, arrivés au canal d'Aragon, dont je vous parlais tout à l'heure. Ce canal fut commencé à Tudela en 1529, par ordre de Charles-Quint, et il se prolonge jusqu'à deux lieues au-dessous de la ville. Le projet de le continuer jusqu'à Sastago, où il entrera dans l'Èbre, existe depuis longtemps; mais les révolutions qui n'ont cessé d'agiter la Péninsule en ont fait ajourner l'exécution. Ce même canal, continué au delà de Tudela, doit arriver jusqu'à Logrono (*Logrogno*), d'où, se divisant en deux branches, il ira par l'une se joindre à la mer au-dessus de Vittoria, et par l'autre se joindre au Duero, sous Valladolid, en passant par Burgos.

— Ce que vous nous dites des Aragonais et de leur peu d'industrie m'ôte le désir de faire aucune incursion dans leur pays. Que verrions-nous hors de Saragosse que nous ne puissions voir dans Saragosse même?

— Vous avez raison, répliqua D. Lopez; aucune des villes de l'Aragon ne mérite que, pour la voir, on fasse un voyage. Taragona, sur la frontière de la Navarre, malgré ses dix mille habitants et son évêché, n'a rien qui soit capable d'exciter la curiosité. Huesca, plus au nord, n'a de remarquable que son ancienneté. On y voit quelques édifices, beaux pour le pays, au fond très-peu importants. Son université attire quelques étudiants. Cette ville n'a pas plus de trois mille âmes de population. Jaca, encore plus près de la grande chaîne des Pyrénées, offre quelque industrie; ses fortifications ont été réparées, et ses montagnes fournissent, aux amateurs de courses de taureaux, des animaux agiles et vigoureux. Du côté du sud on trouve Alcaniz (*Alcagniz*), avec cinq mille habitants, qui fabriquent des étoffes de laine, font des fromages estimés, ou s'occupent d'extraire l'alun de leurs mines; et à vingt lieues d'Alcaniz, au milieu des montagnes, la petite ville de Téruel, avec huit mille âmes de population, et celle d'Albarracin qui n'en a que deux mille: la première connue par quelque industrie, la seconde par ses mines de fer. »

Après avoir séjourné à Saragosse près d'une semaine, il fut question de se remettre en route; et l'on tint d'abord conseil sur la meilleure manière de se transporter commodément de Saragosse à Madrid.

Le pesant coche de colleras a quelques avantages : il ne verse pas, c'est un point essentiel, mais il a des inconvénients, dans les chemins pierreux il vous cahote d'une manière horrible. Les mules ont aussi leurs désagréments ; le soleil, la poussière, un orage, une allure quelquefois un peu dure ; mais on a des avantages : le grand air, l'aspect de la campagne, le plaisir de faire des journées plus ou moins longues, comme on le veut. Tout considéré, on se décida pour les mules. M. Germon se pourvut de trois valises, dans lesquelles on plaça les objets les plus nécessaires à des voyageurs ; et tout ce qui ne tint pas enfermé dans les malles fut envoyé à Madrid par la voie du roulage.

On partit de Saragosse vers le milieu du jour, après un ample déjeuner auquel le conducteur (*mozo de mulas*) fut appelé à prendre part, et auquel il fit copieusement honneur, assis modestement au bas bout de la grande table, ne se jugeant pas digne de se placer à côté des *seigneurs cavaliers* qu'il devait conduire.

A trois lieues de Saragosse on trouva la *venta Matorrita ;* on fut obligé de s'y arrêter pour remettre un fer à l'une des trois mules. L'hôtelier était aussi maréchal, et à côté de sa cuisine il avait une forge. Ce brave homme était là, disait-il, depuis cinquante ans ; et, sans sortir de son hôtellerie, il avait vu des Français, des Anglais, des Portugais, des Espagnols, des guérillas, des *negros* (1), des

(1) Nom qu'on donne aux ultra-libéraux d'Espagne.

absolutistes, et il avait paisiblement traversé un demi-siècle d'orages, sans être inquiété de personne, abreuvant de son mauvais vin tous ceux qui avaient soif, à quelque nation qu'ils appartinssent, et ferrant tant bien que mal les chevaux de tous les pays. Il confessa pourtant à nos voyageurs qu'il mettait toujours de côté les fers d'un métal aigre et cassant, et qu'il les faisait servir pour les chevaux des Anglais, qu'il n'avait jamais aimés. Probablement il s'exprimait de même sur les Français quand il recevait des Anglais.

Pendant que l'hôtelier remplissait une de ses fonctions, sa femme aurait bien voulu remplir l'autre et engager les *seigneurs cavaliers* à faire chez elle quelque dépense. Mais on se contenta d'examiner l'intérieur de l'hôtellerie. Elle consistait en une cuisine basse, longue de quinze pieds sur neuf de large, laquelle n'était séparée de l'écurie que par une mince cloison de roseaux que recouvrait un enduit de mortier tombé en plusieurs endroits; sur la cuisine était le logement du patron et de sa famille, galetas meublé de deux ou trois châlits vermoulus. Le grenier à foin, sur l'écurie, servait de chambre à coucher aux voyageurs que leur mauvaise étoile forçait de passer la nuit en ce lieu.

En sortant de la *venta Matorrita*, on trouva d'abord le village de Lamuela, au delà duquel la route s'élève sur d'interminables collines qui offrent peu de traces de culture. Au bout de deux heures on entre dans la plaine de Longarès, qui abonde en grains et en vins ; le village est bâti sur une petite éminence dans une position assez agréable. Le lendemain nos voyageurs passèrent de bonne heure à Carinena (*Carignena*), lieu connu pour la qualité de ses vins, qui contrastent singulièrement avec les vins épais et noirs de l'Aragon. Ils s'y arrêtèrent quelques instants pour faire des provisions. Au sortir de Carinena, on traverse une petite plaine couverte d'oliviers et plantée en vignoble. La montagne qui se fait voir en face présente jusqu'à mi-côte des champs cultivés qui attestent l'industrie des habitants ; mais, dès qu'on est parvenu au sommet, la scène change, et l'on n'aperçoit plus qu'une longue chaîne de coteaux nus et arides. Ces coteaux s'étendent jusqu'au village de Mayna, qui est situé à l'entrée d'une plaine ; du côté opposé, à une lieue de distance, est le village de Rétascon. Après une petite heure de marche on arrive à Daroca.

Cette ville, l'une des plus importantes de l'Aragon, est placée entre deux montagnes sur le bord de la rivière de Xiloca, qui va se joindre au Japon, vis-à-vis de Calatayud, dans un vallon extrêmement fertile, où croissent à l'envi les oliviers, les mûriers, les arbres à fruit, et toujours couvert de moissons abondantes. La fécondité du terrain est due à la grande quantité de sources qui naissent dans les environs. Il y a dans la ville même une fontaine très-abondante, d'où l'eau jaillit toute l'année par une infinité de tuyaux. Pour garantir cette ville des inondations auxquelles l'expose sa situation dans un bas-fond, on a creusé dans la partie supérieure de la vallée un canal en grande partie souterrain, destiné à procurer un écoulement facile aux eaux pluviales, ou à celles que produit la fonte des neiges, qui, durant l'hiver, s'amoncellent sur la cime des montagnes voisines. C'est au delà de Daroca surtout que le paysage est beau. On est étonné de la prodigieuse fécondité du sol : c'est un verger immense qui s'étend jusqu'au pied de la montagne.

Don Lopez apprit à ses compagnons de voyage qu'en 1121 les troupes d'Aragon, conduites par leur roi Alphonse Ier, gagnèrent en ce lieu sur les Almoravides une sanglante bataille. Il leur dit aussi qu'à une petite journée de Daroca, et en suivant le cours de la rivière, on rencontre Calatayud, ville épiscopale, peuplée d'environ neuf mille âmes, autrefois ville forte des Arabes et remarquable aujourd'hui par ses fabriques de lainages, de toiles et de cotons. En sortant de Saragosse et à deux lieues à peu près de distance, la route se divise en deux branches, dont l'une passe à Daroca et l'autre à Calatayud; mais les deux chemins se rejoignent au village d'Alcolea. Celui de Daroca est un peu plus court.

Quand on sort de Daroca, on franchit le passage de la montagne par une large ouverture que la nature y a pratiquée, et l'on descend par des collines sablonneuses au petit village d'Useda, le dernier de l'Aragon, non loin d'un petit étang duquel on extrait par évaporation une assez grande quantité de sel; les habitants en font à peu près l'unique article de leur commerce. D'Useda on arrive à Embid, qui appartient à la province de Cuença, dans la Nouvelle-Castille, et le terroir n'y est pas meilleur qu'à Useda. A Embid, où l'on voulut s'arrêter pour dîner, on ne trouva qu'une misérable *posada* (nom qu'on donne aux auberges des lieux habités); de sorte qu'on eut recours aux provisions faites à Carinena. Tortuera et Maranchon, que nos voyageurs traversèrent ensuite, ne sont aussi que de tristes villages dans un pays pauvre et aride. Une très-rude montée les fit arriver à Concha, qui passe, avec le village voisin d'Alcolea, pour l'endroit le plus élevé de l'Espagne, plus même que Madrid, dont on a calculé que l'élévation au-dessus du niveau de la mer est de quatre cents toises. Au village d'Alcolea commence une plaine inculte, sablonneuse, aride, où l'on ne voit ni arbres, ni plantes, ni prairies, fréquemment coupée par des ravins et des collines, presque inhabitée, n'offrant de tous côtés qu'un aspect triste, monotone et fatigant. Ce plateau s'étend jusqu'au delà de Torrija, que douze à treize mortelles lieues séparent d'Alcolea.

« Torrija, dit D. Lopez aux deux Français, a été autrefois une place forte, on peut en juger par la partie de ses murailles qui existe encore. Du sommet de la hauteur sur laquelle on assit leurs fondements, vous voyez s'élever des tours carrées que flanquent plusieurs tourelles (*torrijas*); ces tours furent probablement destinées à défendre l'entrée de la gorge qui sert de communication entre le pays que nous venons de quitter et la campagne de Teracena, au fond de laquelle nous apercevrons les clochers de Guadalaxara. »

Le lendemain, en sortant de Torrija, les trois voyageurs entrèrent dans la gorge par une descente rapide au bas de laquelle ils remarquèrent un pilier chargé d'inscriptions latines et espagnoles; on voit par ces inscriptions que le chemin en forme de chaussée qui parcourt toute la gorge, est dû à la munificence royale et aux soins du comte de Florida-Blanca, ministre de Charles III. Ce chemin parut à nos voyageurs très-pittoresque. A l'extrémité de la chaussée est le village de Teracena, où ils passèrent la nuit dans un hôtel bâti ou restauré pendant l'occupation française.

Guadalaxara, à quatre lieues de Teracena, est une des plus anciennes villes de l'Espagne. Elle s'élève sur la rive orientale du Henarez, petite rivière qui se jette dans le Xarana, un peu au-dessous d'Alcala. La plaine qui l'entoure est bien cultivée, mais elle est nue et sans arbres. La ville est grande, triste, mal bâtie et peu peuplée. On n'y compte pas plus de sept mille habitants; elle avait autrefois des remparts, dont il ne reste que quelques vestiges. On avait essayé de les relever dans ces derniers temps, mais ces tentatives n'ont pas réussi. Toute la célébrité dont jouit aujourd'hui cette ville, elle la doit à ses fabriques de draps et de serge; il en sort des draps très-fins qu'on aurait de la peine à distinguer des plus beaux qui se font en France, s'ils avaient au-

Rue d'Alcala.

tant de lustre qu'en ont ces derniers. Nos voyageurs remarquèrent à Guadalaxara quelques édifices, outre la manufacture royale et le pont sur lequel on passe la rivière, dont on attribue la construction à Jules César.

Alcala de Henarez, le fameux *Complutum* des vieilles chroniques, est encore plus triste et plus déserte que Guadalaxara; on y serait dans une véritable solitude sans les étudiants qu'y attire son université, fondée en 1517 par le cardinal Ximenès, l'un des plus grands ministres qu'ait eus l'Espagne. Cette ville, que les Romains avaient fortifiée avec soin, comptait, au temps de sa prospérité, soixante mille habitants; elle n'en a pas aujourd'hui plus de cinq mille. En 1118, elle fut enlevée aux Arabes par l'archevêque Bernard, et depuis cette époque elle n'est plus tombée au pouvoir des musulmans; mais l'archevêque Raymond, successeur de Bernard, en la reconstruisant, la transporta de la rive gauche à la rive droite du Henarez. Le cardinal Ximenès fit don à l'université d'une très-belle bibliothèque, et il y fit imprimer la Bible polyglotte connue sous le nom de Bible d'Alcala (*Biblia polygl., hebr., chald., græc. et lat.*, 6 vol. in-f°, 1514-1517). L'université avait autrefois trente chaires et quatre mille étudiants; le nombre des étudiants est diminué des sept huitièmes, et celui des chaires se trouve réduit à neuf ou dix.

Avant de quitter Alcala, nos voyageurs se rendirent à l'église Saint-Ildefonse, où ils virent le mausolée en marbre du cardinal bienfaiteur de la ville : il est orné de plusieurs statues et entouré d'une très-belle balustrade de bronze. On fait voir aux étrangers qui veulent payer une espèce de cicérone qu'ils trouvent à la posada, la maison où naquit l'historien du Mexique, D. Antoine de Solis, que quelques-uns prétendent néanmoins être né à Placentia, ville de la Vieille-Castille ; et surtout celle qui servit de berceau au célèbre Michel de Cervantès, l'auteur de *Don Quichotte*.

Gustave et ses deux compagnons se mirent en route vers les deux heures de l'après-midi ; c'est le moment où tout repose en Espagne, le grand seigneur dans ses palais dorés, le pauvre dans sa chaumière ; aussi, à leur sortie d'Alcala, ils ne virent pas un seul individu circuler dans les rues. L'heure ordinaire du dîner est d'une à deux heures, et tout Espagnol, après son dîner, se livre au sommeil, sur un lit, sur un banc, sur la dure, n'importe ; la *sieste*, c'est-à-dire un somme d'une heure ou deux, est l'accessoire indispensable du repas du jour.

La campagne qu'on traverse au delà d'Alcala produit assez de grains, mais elle est entièrement nue, on n'y voit pas un seul arbre. Les habitants y abandonnent la nature à ses propres forces, et ne cherchent nullement à l'aider par d'utiles arrosements ; aussi tout y paraît-il sec et aride. Après quatre heures de marche, le conducteur annonça qu'on allait voir Madrid. Ces mots réveillèrent la curiosité de Gustave ; il ouvrait de grands yeux pour découvrir ces campagnes riantes, ces élégants édifices,

ces magnifiques avenues qui, suivant lui, devaient déceler la proximité d'une grande ville. Il cherchait sur la route cette activité, ce concours de voyageurs et de voitures qui, de très-loin, annoncent Barcelone; et il ne voyait autour de lui que des campagnes arides, coupées par des collines de silex; la route lui semblait déserte. D. Lopez lui-même, un peu entiché de son pays, se laissait doucement aller à l'exagération quand il parlait de l'Espagne. Chaque fois qu'il avait parlé de Madrid, il avait vanté ce séjour enchanté où l'art et la nature unissaient leur puissance pour enfanter des prodiges. Gustave commençait à distinguer quelques clochers s'élevant en pyramide; mais, au moment où il comptait sur le développement du tableau qu'il ne faisait qu'entrevoir, il fut contraint de descendre avec le chemin dans un bas-fond, d'où il ne vit plus rien. Ce ne fut qu'en arrivant pour ainsi dire aux portes de la ville qu'il en aperçut les édifices. L'avenue qui conduit à la porte d'Alcala est très-belle, large, spacieuse, mais elle est courte; elle a beaucoup souffert pendant la guerre de l'indépendance, et un grand nombre d'arbres séculaires ont été abattus.

La porte d'Alcala est sans contredit la plus magnifique de Madrid et de l'Espagne entière; on pourrait ajouter de toute l'Europe, à l'exception de celle de Neuilly à Paris, depuis que l'arc de triomphe de l'Étoile a été terminé. La porte d'Alcala offre aussi un arc de triomphe, moins haut que celui de Paris, mais d'un effet imposant et majestueux, qu'augmente l'aspect de la superbe rue qui se déroule, en entrant, sous l'œil du voyageur.

On se rendit immédiatement à l'auberge (*fonda*) de Malte, dont le propriétaire, très-habile homme, servait ses hôtes à la française, à l'italienne, à l'anglaise, à l'allemande ou à l'espagnole, suivant le goût de chacun. D. Lopez avait accompagné ses deux amis à l'auberge; là il voulut se séparer d'eux, en prétendant qu'il était arrivé au terme de son voyage; Mais M. Germon ni Gustave n'y voulurent consentir. « Au terme de notre voyage! dit M. Germon; vous vous trompez; c'est à peine si vous le commencez, car nous ne voulons nullement renoncer à votre compagnie, que vous avez su nous rendre utile autant qu'agréable. Ainsi, qu'il ne soit plus question de séparation entre nous; vous ne nous quitterez que lorsque nous repasserons les Pyrénées. »

CHAPITRE VI

Description de Madrid.

Plusieurs jours se passèrent à visiter Madrid et ses édifices; Gustave se rendait chaque soir compte de ce qu'il avait vu dans la journée, et il en composait une espèce de journal d'où, au bout de huit jours, il tira une description complète qu'il envoya, comme il l'avait promis, à M. Delmas, son bon oncle.

Madrid, lui disait-il, est une grande ville qui semble avoir été construite à plusieurs époques assez éloignées les unes des autres, si l'on en juge par la différence qui existe entre les divers genres de construction. On voit, dans la partie la plus moderne, des quartiers bien bâtis et de superbes édifices; on trouve, dans les autres parties et vers les anciens faubourgs, des maisons basses, noires et délabrées, humble asile de l'indigence. Du côté de la rue de Ségovie, il y a un quartier appelé Moreria (quartier des Maures), composé en entier de rues courtes, étroites, tortueuses, se croisant en tous sens. Ce nom de Moreria indique assez que toute cette partie, la seule peut-être qui existât dans Madrid au VIIIe ou

IXe siècle, fut habitée par les Maures, ou plutôt par les Arabes, aux premiers temps de leur invasion, époque au delà de laquelle on ne trouve pas qu'il soit fait mention de Madrid dans l'histoire, quoi qu'en disent certains auteurs espagnols qui soutiennent sans preuves que cette ville fut fondée par les Grecs et connue des Romains. Outre qu'il n'est pas démontré que les Grecs aient jamais pénétré aussi avant dans l'Espagne, il n'est pas à présumer que des peuples accoutumés au beau climat de la Grèce, à ses campagnes fertiles, à ses riants paysages, fussent venus fonder une colonie en des lieux stériles et d'un aspect désagréable. En effet, Madrid est situé au milieu d'un terrain aride et inégal, sur un plateau élevé qui domine le cours du Mançanarès, et dont le sol pierreux, où se trouve partout le silex, ne produit pas spontanément une plante. A la vérité, les bords du Mançanarès offrent quelque verdure, quelques arbres; mais, là même, la nature ne donne rien qu'excitée par l'art du cultivateur.

« La porte Saint-Vincent, sur le côté nord du palais du roi, de construction moderne, est d'une assez bonne architecture. Cette porte conduit à la rivière et au chemin d'Aranjuez. La ville, vue de ce lieu, offre un aspect désagréable. On n'aperçoit du dehors qu'une éminence sablonneuse, couronnée de maisons d'assez mince apparence, entassées les unes sur les autres, et du milieu desquelles s'élève, comme un château fort, le palais royal.

« Ce palais forme un carré parfait dont l'intérieur

offre une grande cour aussi carrée. Sa façade principale regarde le sud. A ses deux angles sont deux pavillons qui, par leur saillie sur la façade et l'effacement des angles, décrivent un large demi-cercle, à peu près comme la façade de l'Institut, à Paris. La façade de l'ouest n'est terminée que depuis peu d'années ; elle doit dominer sur des jardins dont le plan existe depuis un demi-siècle, mais dont l'exécution a été continuellement ajournée, car il s'agit d'élever le terrain de plusieurs toises sur une longueur de six cents pas et une largeur de trois cents. On avait commencé le transport des terres, mais les travaux ont été suspendus. Ce palais, dont les murs et les voûtes sont, dit-on, à l'épreuve du boulet et de la bombe, contenait un mobilier précieux, principalement en tableaux et en glaces immenses des fabriques de Saint-Ildefonse ; mais il y avait dans les ornements intérieurs plus de luxe et de profusion que d'ordre, de goût et d'élégance. La salle des ambassadeurs et la chapelle sont encore renommées pour la magnificence de leur décoration. Ce palais a été dépouillé d'une partie de ses richesses par tous ceux qui l'ont successivement occupé. Le roi Joseph surtout, quand il fut obligé de quitter son trône et de suivre la retraite de l'armée française, emmena plusieurs voitures chargées de toute espèce d'objets, dont à la vérité il ne profita pas, parce que la déroute se mit dans l'armée à la suite d'une défaite.

« La plus belle entrée de Madrid est celle d'Alcala.

La rue de ce nom, l'une des plus belles de l'Europe par sa longueur et par sa largeur, surtout dans la partie contiguë à la promenade du Prado, aboutit à une petite place ou plutôt à un large carrefour qu'on appelle *Porte du Soleil* (*Puerta del Sol*). C'est le lieu le plus fréquenté de la ville, tant à cause des neuf ou dix rues dont elle est le centre commun, et qui, jour et nuit, y versent des flots de passants, qu'à cause de la coutume qui en fait un lieu de rendez-vous, pendant le jour, pour les désœuvrés du bon ton, et, pendant la nuit, pour les malfaiteurs et les gens sans aveu. La rue d'Alcala est décorée de plusieurs beaux édifices.

« La place *Mayor* est de forme carrée. Elle est entourée à ses quatre faces de hautes maisons dont l'aspect uniforme a de la régularité, mais aussi de la monotonie. Toutes les croisées, depuis le premier étage jusqu'au quatrième inclusivement, sont ornées de balcons de fer en saillie. Tout un côté de cette place ayant péri en 1790 par un affreux incendie qui commença dans des caves toutes pleines d'huiles, d'essences et d'autres matières combustibles, il fut reconstruit sur un plan plus régulier. Quand on traverse le matin cette place, on est surpris d'y voir tant de fruits et de comestibles de toute espèce; tous les villages voisins y versent leurs produits. Il n'est pas de très-grande ville qui ne soit pour ses environs un véritable gouffre.

« Les droits d'entrée sont exorbitants et constituent la meilleure branche des revenus de la ville.

Une société d'entrepreneurs, sous la direction des régidors (1), est chargée de l'approvisionnement du blé, de l'huile et de la viande, objets de première nécessité dont le prix ne varie presque jamais. Ces entrepreneurs achètent en gros dans la Castille et dans l'Andalousie ; quelquefois ils perdent considérablement, parce qu'ils sont tenus de revendre au-dessous du prix d'achat, attendu que le prix doit être le même à Madrid pour toute la durée de leur marché ; mais en général ils gagnent gros et s'enrichissent en peu de temps. Le *Potito*, ou halle au blé, est un vaste édifice qui peut contenir assez de grains pour les besoins de plusieurs mois.

L'hôtel de la douane et le cabinet d'histoire naturelle, dans la rue d'Alcala, n'offrent rien de bien remarquable sous le rapport de l'architecture. Le premier de ces édifices avait été destiné à servir d'habitation à la reine mère, veuve de Charles III. Le second n'était d'abord qu'une maison particulière, dont on a refait la façade. Je l'ai visité avec grand plaisir, et j'y ai remarqué bien des objets précieux. Il y a aussi une école de dessin et de peinture.

« La poste aux lettres est située sur la place de la *Puerta del Sol;* elle embellit un de ses côtés. C'est un bel édifice, dont l'intérieur offre une grande cour, qu'entoure une belle galerie supportée par des co-

(1) On appelle ainsi douze magistrats qui remplissent à peu près les fonctions des maires en France. Il sera parlé plus bas des régidors et du corrégidor.

lonnes de pierres. Le grand escalier est très-défectueux, parce qu'il fait saillie sur la galerie, qu'il obstrue en partie; on dit en plaisantant à Madrid que, lorsque l'édifice fut terminé, on s'aperçut que l'escalier restait à faire. La poste aux chevaux est derrière l'hôtel de la poste aux lettres; c'est un bâtiment spacieux, que sépare une porte belle en elle-même et d'une hauteur prodigieuse, mais tout à fait déplacée dans un bâtiment qui n'a qu'un étage assez bas.

« J'ai entendu faire le même reproche de disproportion de ses parties au nouveau musée qu'on a élevé dans les dernières années du XVIIIe siècle, à côté du Prado, entre le *Buen-Retiro* et le jardin botanique. L'élévation de cet édifice, d'ailleurs très-beau, ne répond pas à l'étendue de sa façade, et la porte en est masquée par six énormes colonnes de pierres. D'habiles professeurs y font des cours publics de minéralogie, de zoologie, de mathématiques, d'agriculture et de botanique. On remarque dans cet établissement la superbe collection de minéraux, l'une des plus riches qu'il y ait au monde. Son jardin botanique, qui est presque attenant au musée, n'a pas d'égal dans la Péninsule. On trouve dans le même établissement: 1° le conservatoire des arts et métiers; on y enseigne la géométrie, le dessin des machines, la physique, la chimie et la mécanique appliquées aux arts; 2° la direction des mines, où l'on fait des cours de chimie docimastique; 3° une école de pharmacie; 4° un laboratoire, un cabinet de physique, des collections de plusieurs genres.

« Depuis peu d'années, le gouvernement a créé une *école des mines*, mais on n'a pu réussir encore à en obtenir des résultats satisfaisants. Au reste, les moyens de s'instruire ne manquent pas à Madrid. Outre le collége ou institut royal de Saint-Isidore, qui compte seize professeurs, il y a une école de médecine-pratique, le collége de chirurgie médicale de Saint-Charles, l'école des ingénieurs géographes, le collége royal des nobles, l'école des poinçons, l'école vétérinaire, etc.

« La bibliothèque royale, quoique dans un bâtiment mesquin, est l'une des plus belles de l'Europe. L'institut de Saint-Isidore a aussi beaucoup de bons livres; mais ce que je ne me suis pas lassé de contempler pendant la moitié d'un jour, c'est la magnifique collection de tableaux qu'on a formée dans le local du musée des beaux-arts; il y en a près de deux mille. La bibliothèque particulière du roi a été enrichie depuis quelques années de tous les bons ouvrages récemment publiés; on y voit aussi une superbe collection d'estampes. La bibliothèque royale possède plus de deux cent mille imprimés; mais la moitié au moins de ces livres sont à l'index pour toute sorte de lecteurs. Quelques-uns ne sont défendus qu'aux lecteurs vulgaires; ceux qu'on livre au public consistent en vieilles chroniques, quelques histoires, très-peu de livres étrangers, des poésies, des pièces de théâtre et des traités de théologie, des histoires de saints ou de saintes, des livres de dévotion.

« Je dois mentionner encore le musée royal d'artillerie, dont les salles renferment des modèles de machines, des plans de forteresses, etc.; l'*armerie* royale ou arsenal, en face du palais : on y conserve une infinité de vieilles armures; plusieurs académies d'histoire, de langues, d'économie, de beaux-arts, etc.; des colléges; un médailler; un observatoire : il serait difficile de nommer un établissement scientifique, littéraire ou concernant les arts, qui ne se trouve point à Madrid.

« Je ne passerai pas sous silence l'hôpital général, édifice immense qui peut contenir quatre mille malades. Avant la révolution, plusieurs grands d'Espagne appartenant aux premières familles de l'État, dirigeaient l'administration, et souvent même, de leurs propres deniers, fournissaient aux dépenses quand les recettes étaient insuffisantes. La révolution, que l'on prétendait faire dans l'intérêt du peuple, a expulsé ces nobles administrateurs, qui s'honoraient du titre d'*hermanos mayores* (frères majeurs); le peuple n'y a pas gagné. Il en a été de même des maisons d'éducation où l'on recevait des jeunes personnes de familles honnêtes, mais pauvres. Elles y étaient entretenues aux frais du roi, et lorsqu'elles en sortaient elles recevaient une dot qui, quelquefois, s'élevait jusqu'à dix mille francs. C'est encore à la révolution qu'un grand nombre de familles de Madrid peu fortunées doivent la suppression de ces établissements, où leurs jeunes filles trouvaient un asile d'où elles sortaient dotées.

« Le *Buen-Retiro*, situé au delà du Prado, entre la porte d'Alcala et le monastère d'Atocha, a servi longtemps d'habitation aux rois d'Espagne. Le palais se compose de plusieurs bâtiments, ajoutés les uns aux autres et liés par des galeries qui renferment des peintures précieuses. Les jardins sont encore assez beaux, quoiqu'ils aient été horriblement dévastés par l'invasion, et ensuite par l'insurrection. Toute la partie de gauche des bâtiments, c'est-à-dire la plus voisine de la porte d'Alcala, a été convertie en un quartier d'artillerie; tout le reste a été plus ou moins endommagé. D. Lopez a vu le Retiro avant que le vandalisme l'eût ruiné. Si l'on y voyait très-peu d'allées bien régulières et beaucoup de bosquets remplis de gibier, c'était parce que le parc avait été disposé pour la chasse plutôt que pour l'agrément, à l'exception de la partie qu'avoisine le Prado. Il y avait une pièce d'eau très-vaste, où Charles III prenait le plaisir de la pêche et de la chasse aux canards. Cette pièce d'eau existe encore; je l'ai mesurée dans sa longueur; elle a plus de six cents pas ordinaires; sa largeur m'a paru moindre de moitié. Tout près de là il y avait un jeu de mail où Charles IV allait jouer le dimanche au commencement de son règne, entouré de flots de peuple qui se pressait autour de lui pour le voir, car il avait la réputation d'être un excellent prince. On y voyait une ménagerie assez bien garnie; un parc où l'on nourrissait des vigognes et des autruches; une fabrique de porcelaine (la *casa de la China*), dont les produits cherchaient à rivaliser avec la porcelaine de Sèvres ; un atelier de marqueterie en pierres ou marbres de couleur, d'où sortaient des ouvrages de la plus grande beauté. Tout cela a été détruit et dévasté. Il y avait une coutume singulière qui s'observait à la rigueur, et dont personne ici n'a pu me donner l'explication : c'est que les femmes qui entraient dans le Retiro étaient obligées d'ôter leur mantelet ou mantille, et d'avoir la tête découverte, à moins qu'elles ne portassent un chapeau ou une coiffure en cheveux, comme le faisaient les dames riches qui arrivaient en équipage et vêtues à la française. Quant aux hommes, ils devaient avoir leur manteau ouvert et tombant sur les côtés, sans qu'il leur fût permis de le croiser sur l'épaule, suivant la coutume espagnole.

« Le Prado, cette promenade que les romanciers et les vieilles chroniques ont tant célébrée, n'a consisté jusqu'au règne de Charles III qu'en un terrain nu, aride, inégal et coupé d'éminences et de ravines. Ce prince l'aplanit, y planta des arbres, y forma de nombreuses allées et l'embellit de fontaines. Il s'étend sur toute la longueur de Madrid, du sud au nord, depuis la porte d'Atocha jusqu'à la porte des Récollets. En sortant du Prado par la première de ces portes, on entre dans la promenade *des Délices*, qni se compose d'une allée et de deux contre-allées plantées de fort beaux arbres, lesquels aboutissent au canal. Ce canal n'est encore qu'un objet de luxe, car il n'est point achevé. Sa longueur actuelle est d'environ trois lieues : il commence à Madrid et doit être porté jusqu'au confluent du Mançanarès et du Xaran, qui vont se décharger dans le Tage, ce qui fera communiquer Madrid avec ce fleuve.

« Le Prado est le rendez-vous ordinaire de toutes les classes de la société. Les Délices et le Retiro semblent convenir davantage au beau monde; ces deux promenades sont très-peu fréquentées par les gens du peuple. Du côté opposé au Prado, sur le bord de la rivière, est la promenade de Saint-Vincent, où l'on jouit de fraîcheur, d'ombrage, de verdure, de liberté, en un mot de tous les charmes de la campagne.

« Les édifices sacrés de Madrid sont peu remarquables. Les seuls qui méritent d'être mentionnés sont l'église du couvent des Salèses, la plus vaste de Madrid, et l'église Saint-Isidore, qui appartenait aux jésuites. Elle s'annonce par un beau portail et se termine par une coupole toute resplendissante d'or et d'azur. Elle fut construite sous le règne de Philippe IV, qui perdit le Portugal en aussi peu de temps que Philippe II en avait mis à le conquérir.

« L'ancien bâtiment de l'inquisition est tout construit en briques, et il ressemble à un château fort. Sa grande façade n'est percée d'aucune croisée.

« Quelques édifices publics méritent encore d'être vus, tels que le monastère Saint-Philippe, l'hôtel des gardes du corps, etc. Parmi les édifices particuliers, on distingue l'hôtel d'Albe, celui de Berwick, ceux de Medina-Cœli, d'Ossune et de l'Infantado.

« Madrid n'a point de fortifications; celles que les

Français avaient élevées ont été rasées plus tard ; on ne lui a laissé qu'un mur d'enceinte de neuf à dix pieds de haut, destiné uniquement à prévenir la contrebande et à assurer le paiement des droits d'entrée. Le Mançanarès n'est qu'un torrent, que pendant six mois de l'année on passe à pied sec ; ce qui fit dire à un mauvais plaisant, après qu'on eut fini le superbe pont dit *de Tolède,* parce qu'il est hors de la porte de ce nom, qu'on avait vendu l'eau pour acheter un pont, et qu'à présent on allait vendre le pont pour acheter une rivière. Toutefois, dans l'hiver, le torrent, grossi par les pluies, devient très-dangereux, et ce n'est pas trop alors du pont tout entier pour donner passage à ses eaux.

« Un recensement fait à la fin de 1799 attribuait à Madrid cent quatre-vingt mille âmes de population, les étrangers compris. Depuis cette époque ce nombre s'est accru de plus d'un dixième, et l'on donne aujourd'hui à Madrid deux cent vingt mille habitants. »

Gustave, en terminant sa lettre, en promettait à son oncle une autre, dans laquelle il s'occuperait exclusivement du commerce de la Péninsule.

CHAPITRE VII

Mœurs, usages, coutumes, etc.

Gustave s'était attendu à trouver dans les Espagnols des hommes tout différents des Français par les mœurs, par un caractère tranché, par les habitudes et les usages, et, à la différence près du langage, il trouvait des hommes à peu près semblables à ceux qu'il connaissait déjà. Il ne voyait guère d'exception à cette uniformité que dans certaines classes du peuple; et comme il s'étonnait en faisant cette remarque, D. Lopez lui parla ainsi :

« Plus nous avançons dans le temps en nous éloignant du passé, plus il devient difficile de saisir les nuances auxquelles un peuple se distingue d'un autre peuple. Autrefois chaque peuple avait une physionomie fortement prononcée, maintenant l'observateur le plus exercé peut à peine en retrouver les traces. Au lieu de ces traits profondément caractéristiques par lesquels chaque nation se distinguait des autres, on ne voit plus que des nuances très-peu sensibles qui, semblables à une légère dégradation de couleurs dans un tableau, rendent presque imperceptible la transition d'un peuple à un autre peuple. Les progrès uniformes de la dépravation, l'introduction du luxe, le perfectionnement des arts, la fréquence des liaisons qui naissent du commerce, les communications rendues faciles par terre et par mer, la propagation des lumières, mille autres causes apportent les mêmes passions, et partout les mêmes passions enfantent les mêmes résultats. Je crois que, s'il existe entre deux peuples quelque trait frappant de disparité, c'est au climat, à des usages locaux, à quelque circonstance extérieure qu'il faut l'attribuer.

« Qu'est-ce qui fait la différence entre un de vos paysans de l'Auvergne, continua D. Lopez, et l'habitant de vos grandes villes? L'éducation et le plus ou moins de lumières. Il en est de même chez nous; mais, en vérité, entre le Parisien et le Madrilégne (1) je ne vois pas au fond grande différence. Au premier coup d'œil toutefois, l'un ne ressemble pas à l'autre; il y a sur le premier un vernis qui manque au second; mais tout cela ne passe pas l'écorce.

« L'antique Espagnol se distinguait par le courage, la patience, le bon sens, et le goût des aventures chevaleresques. Toutes ces qualités lui étaient nécessaires: le courage, pour résister aux oppresseurs de son pays; la patience, pour supporter les privations; le bon sens, pour pouvoir préparer ses moyens de succès. Quant au goût des aventures che-

(1) Les Espagnols appellent les habitants de Madrid *Madrilegnos.*

valeresques, il lui venait de ses fréquents rapports avec les Maures, nation extraordinaire chez qui semble née la chevalerie. Aujourd'hui, chez beaucoup d'individus, le courage a dégénéré en forfanterie, la patience en mollesse ou apathie. Quand ils éprouvent les atteintes de l'adversité, leur constance n'est guère que de l'indolence; on les voit attendre sans inquiétude la décision de leurs plus grandes affaires, car ils s'habitueront, s'il le faut, à l'indigence, plutôt qu'ils ne tenteront d'en sortir par quelque moyen qui les obligerait de faire violence à leurs habitudes. Fronder le vice sans le fuir, prêcher la vertu sans la pratiquer, donner des conseils, et ne pas suivre ceux qu'il reçoit, voilà ce que l'Espagnol fait tous les jours, moins, il est vrai, parce qu'il est corrompu, que parce que la paresse relâche tous les ressorts de son âme.

« Cette critique souffre nécessairement de nombreuses exceptions; mais en général, si nous voulons retrouver quelques restes des anciennes mœurs, c'est au fond des provinces que nous devons les chercher, cachées au milieu des campagnes désertes ou dans les montagnes solitaires. Pour être tout à fait juste, il faut dire que, même au sein des villes, ces vertus de l'ancien Espagnol peuvent se rencontrer avec énergie, si l'occasion se présente. Ce qui s'est passé dans les dernières guerres fait assez voir qu'elles n'étaient qu'endormies, et qu'il suffisait d'une forte secousse pour les réveiller.

« Considéré sous les rapports ordinaires de la vie,

l'Espagnol est sérieux, affectant la gravité, lent à former un projet, opiniâtre dans l'exécution, trop souvent mauvais chrétien avec tous les dehors d'une piété qui va quelquefois jusqu'à la superstition, fier avec ses égaux, arrogant même sous ses haillons, excellent ouvrier pourvu qu'il ait un modèle, car il n'invente pas. Une chose que j'ai eu souvent lieu de remarquer, c'est que le paysan des campagnes raisonne avec une grande justesse sur tous les sujets qu'il peut connaître.

« Les grands de toutes les classes (1) se font ou plutôt se faisaient remarquer par une très-grande affabilité ; aujourd'hui les révolutions ont cherché à tout niveler ; malgré cela ils jouissent encore d'assez de considération, et ils composent la chambre des *proceres*, c'est-à-dire la chambre haute d'Espagne. Quant à la petite noblesse, on en fait peu de cas dans les grandes villes, surtout à Madrid, où toutes les classes sont confondues et où l'on n'estime véritablement que les richesses. Le peuple ne respecte guère que les membres du clergé.

« On remarque entre les habitants de nos grandes provinces des antipathies que rien n'a pu détruire. Comme ces provinces ont formé pendant bien longtemps des États séparés, qui tous avaient des intérêts

(1) Il y a trois classes de grands d'Espagne. Ceux de la première parlent au roi la tête couverte ; ceux de la seconde commencent par se découvrir avant de parler, et se couvrent après les premiers mots ; ceux de la troisième attendent que le roi leur ait dit de se couvrir.

distincts, leur réunion sous le même sceptre n'a pas opéré un rapprochement sincère, et les cœurs sont restés aigris par des souvenirs ou des préjugés : par exemple, le Catalan déteste le Castillan et l'Andalous ; le Castillan se méfie de ce dernier et méprise l'autre ; l'Andalous se livre assez facilement à tous deux, mais s'il est ou s'il se croit trompé par eux, il les immole tous deux à ses ressentiments.

« Les Castillans sont orgueilleux, parce que leurs ancêtres ont subjugué la plus grande partie de l'Espagne, et ils se regardent comme la plus noble partie de la nation ; c'en est aussi la partie la plus pauvre et la plus indolente. Ils vivent presque tous d'industrie ou à la solde du grand sous le titre d'*employés*, palliatifs dont la complaisance de leurs maîtres se sert pour ménager leur orgueil.

« Les Galiciens, qui ne trouvent pas sur leur sol montueux des moyens suffisants de subsistance, s'expatrient par bandes, et vont gagner leur vie dans les grandes villes, où ils se livrent aux travaux les plus pénibles ; ce sont les Auvergnats de l'Espagne, commissionnaires ou porteurs d'eau. Comme ils sont très-sobres, il est rare qu'au bout de quelques années ils ne se retirent pas dans leur pays avec un riche pécule. Les Asturiens prennent moins de peine : ils sont presque tous laquais, et à l'insolence, ordinaire apanage des gens de cette espèce, ils joignent un ridicule orgueil, parce qu'ils se prétendent tous nobles. Ils racontent sérieusement que le roi Pélage, se préparant à quitter leur pays, et après avoir repoussé les Arabes par leur secours, et recevant leur hommage, que, suivant l'ancien usage, ils lui offraient à genoux, leur dit en leur tendant la main: « *Levantaos, hijos dalgos* (1), Levez-vous, chevaliers. » Les Galiciens, qui les rencontrent souvent autour des fontaines où ils vont par état, tandis que les Asturiens s'y rendent par désœuvrement, prétendent, en se moquant d'eux, que Pélage ne leur dit pas: *Levantaos, hijos dalgos*, mais: *Levantaos, galgos*, Levez-vous, chiens courants. Les Asturiens prennent fort mal cette plaisanterie, qui, presque toujours, dégénère en rixes violentes. En général tous ces peuples ont de l'âpreté dans les mœurs comme dans le langage, mais ils se distinguent par la fidélité et l'exactitude; leur structure est grossière et leur air stupide; on les joue sur les théâtres, ils sont toujours pour les autres un objet de raillerie, et cependant il n'est pas rare de voir des hommes de talent sortir du fond de leurs montagnes.

« Dans les provinces de Léon et d'Estramadure, on retrouve plus que partout ailleurs l'antique Espagnol, son costume, ses mœurs simples, sa tempérance, sa réserve et sa taciturnité. L'Andalous est d'une humeur riante et libérale; mais avec tous les dehors de la franchise il est fanfaron, menteur et traître; sa générosité est moins une vertu venant du cœur qu'un

(1) On appelait autrefois les nobles d'extraction *hijos dalgos*, issus de haut lieu, à la lettre fils de quelque chose. On a fait par contraction de ces deux mots celui de *hidalgo*, qui équivaut à gentilhomme.

effet de sa jactance et d'un amour de vaine gloire, mobile de toutes ses actions. Il est dangereux dans ses ressentiments, parce qu'il est familiarisé avec l'assassinat; deux rivaux, deux ennemis ne se battent jamais; ils s'épient pour se poignarder.

« Vous connaissez le Catalan: il est actif, laborieux, il ne manque pas d'industrie, mais on lui reproche son naturel intéressé, rude, peu traitable; le Valencien est intéressé aussi, mais il est moins sauvage.

« Les Espagnols des villes, et même tous ceux qui appartiennent aux classes bourgeoises, ne se distinguent plus par le costume des autres Européens. Il n'y a qu'une classe particulière qui fasse exception à la règle, c'est celle des *manolos* (1), que dans les provinces et surtout dans l'Andalousie on appelle *majos* (élégants, beaux, fringants, etc.). L'habillement des manolos consiste en une petite veste fort courte, ornée d'une immense quantité de boutons d'argent ou de métal argenté, cousus sur les manches et sur les revers. Leur tête est enveloppée d'un large réseau de soie, dont les nœuds tombent derrière le dos; ils jettent sur leurs épaules une cape noire (espèce de houppelande à manches) avec des revers de couleur; ils la retroussent ordinairement sous le bras gauche, qui reste à découvert. Cette classe de manolos se compose des ouvriers et des artisans. Il règne entre eux une espèce d'esprit de corps qui les

(1) Ce nom n'est qu'un diminutif de *Manuel* (Emmanuel), prénom très-commun parmi les artisans.

rend dangereux, parce qu'ils sont naturellement portés au tumulte et au désordre. Madrid en renferme un nombre considérable; leur aspect a quelque chose de farouche. Séparés des autres classes par leurs habitudes, ils unissent à la grossièreté du villageois la corruption de l'habitant des villes.

« Les femmes travaillent fort peu en Espagne, et la mollesse semble tenir leurs mains enchaînées. L'usage de l'aiguille est étranger à celles d'un certain rang. Elles font consister leurs devoirs à soigner leurs enfants, qu'elles gâtent par d'aveugles complaisances. Bien des mères abandonnent même ce soin à leurs domestiques. Elles ont généralement beaucoup d'empire dans leurs familles; l'humeur chevaleresque de leurs époux ou de leurs parents les laisse jouir d'une sorte de domination dans la famille.

« La mantille ou voile et la basquigne ou jupe sont des vêtements légers et élégants; mais on les surcharge de tant d'ornements superflus, qu'ils perdent tout leur agrément.

« La mantille est toujours blanche ou noire. Le blanc est plus particulièrement affecté aux femmes du peuple et aux petites bourgeoises. Les mantilles de cette couleur sont de mousseline, excepté dans les dernières classes et dans les provinces du nord, où elles sont de serge ou de camelot. Les mantilles noires sont de taffetas garni de blondes et de dentelles de la même couleur, plissées sur trois ou quatre rangs. Placées sur le sommet de la tête, elles laissent tout le visage à découvert. Avant la révolution, les femmes du bon ton portaient une perruque bien frisée sans poudre, ornée d'un bon nœud de rubans garnis de paillettes, d'un bouquet de fleurs ou de plusieurs rangs de perles. Il fallait que la couleur de la perruque tranchât sur celle des cheveux.

« La basquigne est toujours noire, de serge, de casimir ou de soie, au gré de celle qui la porte; les femmes riches en ont aussi de velours. La basquigne ne descend guère qu'à mi-jambe, mais elle est garnie par en bas de franges de soie avec des pompons et des ornements de jais. Souvent, au-dessus de cette frange et sur l'étoffe, on place une seconde et même une troisième frange; le corset qui soutient la basquigne ne consiste qu'en une bande d'étoffe communément noire, large de cinq à six travers de doigt. Cette bande fait le tour du corps par-dessous les aisselles et s'attache par derrière avec des crochets. Les femmes ne mettent la basquigne que pour aller en ville; dans l'intérieur de leur maison, ou lorsqu'elles sortent en voiture, elles portent des robes à la française. »

Jusque-là nos voyageurs n'avaient sur les Espagnols que des idées générales qui, jusqu'à un certain point, peuvent s'appliquer à tous les hommes; il restait à voir de près leurs usages, à les suivre, pour ainsi dire, dans l'intérieur de la famille, si l'on voulait mieux les connaître. D. Lopez les introduisit dans plusieurs maisons de Madrid, les conduisit aux divers théâtres, aux combats de taureaux, aux diverses maisons royales, entre lesquelles, suivant une ancienne étiquette, le roi partageait régulièrement l'année.

Le premier tréâtre où M. Germon conduisit Gustave fut celui qu'on appelle *Cagnos del peral.* C'est le théâtre du Grand-Opéra italien, théâtre qui doit paraître digne d'une capitale, surtout quand on sait quelles sommes énormes y ont été employées. On jouait ce jour-là un opéra de Rossini, et jamais peut-être la musique de ce compositeur ne produisit moins d'effet; ce n'était pas la faute des musiciens de l'orchestre, car l'exécution aurait paru bonne à Paris ou à Naples; tout le mal venait des chanteurs et des chanteuses, qui étaient pitoyables

D. Lopez conduisit ses amis chez un des douze régidors (1) de Madrid, dont la famille était assez étroitement unie à la sienne par des alliances. Ils furent parfaitement reçus par le maître de la maison,

(1) Les régidors sont les adjoints du corrégidor; dans les grandes villes, ce dernier était une espèce de gouverneur, préfet de police ou lord-maire, qui jouissait d'une très-grande autorité. Il y en avait de deux sortes: le corrégidor *de capa y espada*, de cape et d'épée, et le corrégidor *de letras*, corrégidor de robe. Les premiers, dans beaucoup de cas, avaient droit de vie et de mort sur les individus de certaines classes. Ils étaient assistés d'un conseil d'*alcaldes mayores*, espèce d'assesseurs qui jugeaient les affaires civiles. Les seconds réunissaient les fonctions d'*alcalde mayor* à celles de corrégidor de *capa y espada*, mais ils les exerçaient avec beaucoup moins d'étendue. La constitution de 1812, ou plutôt les constitutions qui se sont succédé, ont complétement réformé l'organisation municipale: tout en laissant subsister les noms, elles ont dénaturé l'institution même. Il était pourtant extrêmement rare qu'un corrégidor abusât de son autorité.

qui les présenta aux habitués de son salon comme deux étrangers très-recommandables. Ceux-ci ne tardèrent pas à s'apercevoir que le séjour des Français en Espagne n'avait pas suffi pour bannir les anciens usages du pays et y substituer les usages français. Dans un coin du salon on avait dressé une table de jeu, et presque tous les hommes s'étaient réunis autour d'elle. Du côté opposé se tenaient toutes les dames assises, et presque immobiles, comme des figures de tapisserie ; c'est là ce que l'on nomme *la estrada*. La soirée commença par un petit concert, dont la guitare fit tous les frais.

On ne croit pas généralement en France que la guitare, instrument borné en apparence, puisse produire sur les cœurs espagnols des sensations aussi vives et aussi douces ; mais, pour bien juger de l'effet de cet instrument, il faut être en Espagne et se dégager de ce préjugé si commun parmi les Français et souvent si injuste, qu'il n'y a rien de bien que ce qui se fait chez eux et par eux. Le son des guitares espagnoles est plein et harmonieux ; une bonne guitare de *Loranzo* ou d'*Exca* de Madrid est vingt fois au-dessus de la meilleure guitare parisienne, c'est un stradivarius auprès d'un violon d'aveugle. La guitare, par ses six et quelquefois sept cordes, offre à l'exécutant la faculté de produire de nombreux accords et d'accompagner le chant, sinon par une basse continue, du moins par les principales notes de la basse. Par un heureux mélange de sons graves et de sons aigus, la guitare espagnole sera toujours en des mains exercées un instrument charmant. En Espagne surtout, ses tons familiers à l'oreille rappellent souvent des airs chéris, dont la mélodie douce et mélancolique paraît faite pour agir sur le cœur.

Parmi ces airs, il en est un qui, per sa monotonie même, laisse dans l'âme une impression qui dure longtemps après que l'instrument a cessé de se faire entendre. Un Espagnol ne manqeruait pas de dire : « C'est le fandango (1). » Qu'un homme, la guitare à la main, se présente au milieu d'un cercle et qu'il fasse entendre le refrain connu, soudain tous les sentiments divers qui occupaient l'assemblée font place à un seul sentiment, celui du plaisir. On le voit peu à peu s'épanouir sur toutes les figures, animer toutes les physionomies; le joueur laisse tomber ses cartes, toutes les conversations cessent. Le vieillard lui-même, réchauffé par les souvenirs, croit avoir retrouvé les joies du jeune âge.

Gustave et son mentor se convainquirent que D. Lopez, qui leur avait d'avance vanté les prodiges du fandango, n'avait point cherché à leur en faire une description poétique; D. Lopez ajouta seulement, après que cet air favori eut terminé le petit concert, que, pour lui faire produire ses effets ordinaires, il faut le secours d'une guitare. Sur tout autre instrument le fandango n'a plus le même prestige; on le dirait fait pour la guitare, et la guitare pour lui.

Le concert terminé, on servit le *refresco*, rafraî-

(1) L'air du fandango ne roule jamais que sur quatre mesures, que l'art et le goût du musicien varient à l'infini.

chissements. Ce *refresco* consiste en confitures et en fruits confits au sucre qu'on nomme *dulces*, et en chocolat, que les Espagnols font exquis. Avant le chocolat on sert de grands verres d'eau, où l'on plonge des morceaux de sucre spongieux, taillés en forme de biscuit long et carré; on les appelle *bolados;* ils fondent tout de suite. Ce n'est guère qu'après le rafraîchissement que les hommes et les femmes se mêlent et que la conversation devient générale. Souvent la soirée finit par des contredanses et des *boleros*, ou simplement par des boleros chantés.

Les Espagnols aiment passionnément la musique, et, disons mieux, leur musique. C'est qu'elle a chez eux un caractère inimitable qui la distingue éminemment de celle des Italiens, et surtout de celle des Français. Elle ne connaît ni les grands airs (arias), ni les morceaux d'ensemble; elle n'a que ses couplets, dont le rhythme, toujours vif et animé, peint la gaieté, le plaisir, ou une douce tristesse. Ces couplets sont de plusieurs sortes: on met au premier rang le *bolero* ou *seguidilla*, rondeau à deux reprises, dont l'une très-courte revient à la fin de l'air; chaque couplet de bolero se compose de sept petits vers, quatre pour la première, trois pour la seconde.

Les Espagnols ne sont pas bien exigeants pour la rime; il leur suffit d'une simple assonnance dans les mots. Dans un bolero, les vers sont les uns de sept syllabes, dont la dernière est muette, et les autres de cinq, dont la dernière est tantôt pleine, tantôt muette.

Les *tiranas* sont plus longues que les boleros, et elles ont à peu près la même coupe, mais elles ont encore quelque chose de plus original, et surtout de plus passionné, parce que le chant en est presque toujours syncopé. La mesure invariable de tous ces couplets, boleros ou tiranas, est la mesure à trois temps. Les tiranas andalouses ont par-dessus les autres un ton de langueur qui agit puissamment sur l'imagination active des peuples de l'Andalousie.

Les *tenadillas* sont des espèces d'intermèdes chantés où il n'y a que deux ou trois interlocuteurs, et dont le fond se compose toujours de boleros. Il est presque impossible de se faire une juste idée de ce chant espagnol sans l'avoir entendu. Cela ne ressemble ni à nos chansons ni à nos romances, ni aux arias italiennes. Les boleros et les tiranas, excepté au théâtre, s'accompagnent toujours avec la guitare, et d'ordinaire avec les castagnettes, que les Espagnols font résonner avec une admirable précision.

La musique instrumentale a été assez négligée en Espagne; toutefois la musique d'église est en général très-bonne. Nos voyageurs avaient entendu deux ou trois jours auparavant un *Miserere* de Gultierrez, dans lequel ils avaient trouvé des versets magnifiques. Quand ce *Miserere* parut il y a quarante ans, on accusa l'auteur de plagiat, plutôt que de convenir qu'il avait fait un bon ouvrage. Depuis quelques années on a traduit un assez grand nombre d'opéras-comiques français, et ils ont tous eu du succès. Le premier qui a été joué à Madrid sur le théâtre de *la Cruz*, en 1797 ou 98, c'est *le Prisonnier* ou *la Ressemblance de Della Maria*.

Les deux théâtres de la capitale (celui de l'Opéra italien non compris) étaient alors parvenus à un très-haut degré de prospérité, bien qu'ils ne soient ni vastes ni commodes. L'un, celui de *la Cruz*, est situé dans une rue de ce nom; les avenues en sont difficiles; c'est un bâtiment sans apparence. L'autre, d'une construction plus régulière, porte, comme le premier, le nom de la rue où il se trouve, et il s'appelle *Théâtre du Prince*. Ces deux théâtres étaient sous la même direction, et l'on avait soin de composer les deux troupes de manière qu'elles fussent à peu près égales en talents; et s'il y avait des acteurs médiocres, il s'en trouvait aussi d'excellents. Aujourd'hui tout cela est bien déchu. Les arts ont besoin, pour prospérer, de paix et de calme; ils font peu de progrès au milieu des agitations politiques.

CHAPITRE VIII

Courses de taureaux. — Littérature espagnole. — Gouvernement.

La saison des courses de taureaux venait de commencer. Nos voyageurs ne connaissaient que de nom ce spectacle, qui ne serait qu'ignoble s'il n'était aussi cruel et barbare. Ils ne concevaient pas la passion extraordinaire que montraient les Espagnols de tout âge et de tout sexe pour un amusement où les yeux se repaissent de sang et de carnage, pour ces combats dangereux où la vie des principaux acteurs est toujours en péril; mais les enfants, les vieillards y couraient en foule. Les femmes surtout s'y portaient avec une incroyable ardeur, la foule était immense autour du cirque; Gustave éprouva le désir de voir, une fois au moins, la course de taureaux; et comme il se montrait étonné que ce genre de spectacle n'eût pas été proscrit pendant l'occupation des Français, D. Lopez lui dit : « Supprimer à Madrid les courses de taureaux, ce serait y appeler la révolte. Je me souviens que, fort peu de temps avant cette occupation, on publia une brochure intitulée *Pan y toros*. L'auteur y peignait la nation comme insensible à tout, à ses intérêts, à sa grandeur, à sa gloire, souffrant volontiers l'oppression et la honte, pourvu qu'elle eût du pain et qu'on lui donnât des courses de taureaux.

« Je me souviens encore, continua D. Lopez, que l'inquisition mit à l'index ce petit volume, ce qui manqua de produire une émeute. La populace arracha l'index des portes des églises ; elle prit même une attitude menaçante. Comme cet écrit contenait une satire sanglante du gouvernement, on craignit que l'opposition du peuple ne prît un caractère sérieux ; la police et l'inquisition fermèrent les yeux, et on laissa le peuple de Madrid se dire à lui-même ses vérités en lisant la brochure. »

Le cirque est situé hors de l'enceinte de Madrid, auprès de la porte d'Alcala. C'est un édifice circulaire, assez vaste, mais de peu d'apparence, et très-négligé dans l'intérieur. L'arène est entourée d'une double barrière ; la première a cinq pieds de hauteur ; la seconde, qui s'élève à six pieds environ de distance, est un peu plus haute. De deux en deux toises on y a ménagé de forts pieux de bois qui montent perpendiculairement à quatre à cinq pieds au-dessus de la barrière, et qui supportent des cordes tendues horizontalement d'un pieu à l'autre. L'homme que le taureau poursuit de trop près saute adroitement pardessus la première barrière, et disparaît ainsi aux yeux du taureau, qui semble demander par ses mugissements ce qu'est devenu son ennemi. Quelquefois l'animal, sautant par-dessus la première barrière aussi lestement que l'homme qu'il poursuivait, tombe dans la galerie, où il court jusqu'à ce qu'il trouve une issue qui le ramène dans l'arène. Souvent même il s'élance avec tant de vigueur et de force, qu'il arrive jusqu'à la seconde barrière, où sa tête et ses cornes s'embarrassent parmi les cordes comme dans un filet.

Don Lopez dit à ses amis qu'il avait vu une fois un taureau navarrois sauter par-dessus les deux barrières, tomber au milieu des spectateurs, et blesser vingt personnes avant qu'on eût pu l'arrêter.

Au-dessus de la seconde barrière sont des gradins qui s'élèvent progressivement jusqu'aux loges. Ce sont les places les moins chères; elles sont d'une piastre. Une place dans une loge coûte jusqu'à quinze francs. Il faut dire que les frais sont considérables, soit à cause des forts gages que gagnent les toréadors (*toreros*), soit par la perte des chevaux qui souvent sont tués sur la place, ou tellement blessés qu'on doit les achever. Quand les blessures ne sont pas mortelles, on les panse avec soin, et si l'animal guérit, on le réserve pour les courses suivantes. Le sort de ces pauvres chevaux fait pitié ; on les plaint d'être si dociles à la main qui les conduit à la mort.

Dès que le corrégidor fut arrivé, la fête commença. Deux alguazils à cheval firent le tour du cirque pour en faire sortir tout le monde, les toreros exceptés. « Leur costume s'est un peu modifié, dit D. Lopez ; rien n'était aussi plaisant, il y a trente ans, que de les voir galoper avec leur longue robe noire, que les mouvements du cheval faisaient entr'ouvrir, leur énorme perruque blanche, et leur large fraise ou *godilla* autour du cou. » Dès qu'ils parurent, on hua, on siffla; les alguazils se vengèrent de ces huées sur les épaules des paresseux, qu'ils frappaient d'une houssine ou verge de baleine, signe distinctif de leurs fonctions.

En entrant dans l'arène où il doit périr, le taureau rencontre d'abord les *picadors*. Ce sont des hommes à cheval, armés d'une lance garnie par le bout d'une pointe d'acier très-aiguë, longue d'environ un pouce; un morceau de bois rond, placé au-dessous de cette pointe, empêche le fer de pénétrer plus avant. Il est défendu au picador de piquer le taureau à l'épaule, parce que les blessures faites à cette partie lui ôtent trop tôt sa vigueur. Si quelquefois le piqueur le fait par maladresse et par la nécessité de se défendre, la populace l'insulte, lui dit des injures, lui jette des pierres. Plus d'une fois la lance se brise dans la main du piqueur, ou bien le taureau, évitant le coup, fond sur le cheval, renverse le cavalier, estropie ou tue l'animal, blesse et quelquefois tue l'homme si l'on n'est très-prompt à le secourir. Mais il arrive fréquemment que le taureau, furieux, s'acharne avec une sorte de rage sur le picador abattu, et ce n'est qu'avec beaucoup de peine que les *banderilleros* parviennent à le dégager.

On appelle ainsi des hommes à pied, dont l'agilité tient vraiment du prodige. Ils vont provoquer le taureau, armés de petites flèches auxquelles sont attachées des banderoles, *banderillas*; ils lancent ces flèches ou plutôt ils les plantent au cou du taureau. Quelquefois ces flèches sont garnies de pétards. C'est alors que le monstre entre dans un accès de rage difficile à décrire : sa gueule distille une écume ensanglantée, ses flancs s'agitent horriblement, ses yeux étincellent, ses beuglements ébranlent l'enceinte.

Déjà les piqueurs ont disparu de l'arène ; les banderilleros eux-mêmes cessent d'exciter l'animal; ils se bornent à éviter ses atteintes, ce qu'ils font toujours avec succès. Alors le *matador* se présente; c'est celui qui doit tuer le monstre. Il s'avance seul, armé d'une épée dont la trempe est excellente ; de sa main gauche il tient un drapeau écarlate. Le taureau semble deviner la mort ; il devient prudent, il évite le fer, il cherche à surprendre son ennemi, il sent qu'il a sa vie à défendre, et il la défend par la ruse autant que par la force. Le matador saisit l'instant favorable, il plonge le fer dans le corps du taureau derrière la nuque ; s'il réussit du premier ou même du second coup, des applaudissements unanimes et prolongés célèbrent sa dangereuse victoire. Mais s'il frappe trop loin de la nuque, il est impitoyablement sifflé. Quelquefois le taureau fuit le matador, et celui-ci ne peut l'approcher. Dans ce cas, un banderillero leste et adroit lui saute sur le dos et le tue d'un coup de stylet.

« A l'époque de la révolution de 1808 et postérieurement, dit D. Lopez, deux hommes s'étaient rendus fameux dans le périlleux métier de matador. Romero et Pepe Hillo (Joseph Hillo). Le premier avait gagné des sommes immenses; le second avait fait un ouvrage pour démontrer les principes de son art. Ce livre, en France, n'aurait été lu que par les bouchers; en Espagne, il a fait les délices de certaines gens qui, bien que nés dans les plus hautes classes de la société, ne dédaignent pas d'entrer dans la lice avec les *toreros*. Rien n'était plus commun en province, en Andalousie surtout, avant que la politique prît dans tous les esprits la première place. Au reste toute la science de Pepe Hillo n'a pu le soustraire au sort commun de tous les hommes de sa profession. Blessé dangereusement par un taureau qui, probablement, ne voulut pas se laisser tuer dans les règles, il mourut de ses blessures, il y a plusieurs années. »

Le hasard avait placé nos voyageurs dans une loge à côté d'un petit vieillard octogénaire, qui semblait chercher l'occasion de se mêler à la conversation de ses voisins. Cette occasion s'était présentée : l'un des huit taureaux destinés à la mort avait fait dans l'arène la plus brillante entrée. Il avait été annoncé comme un taureau courageux de Gijon, et en effet il s'était avancé au petit pas comme pour reconnaître les ennemis qu'il aurait à combattre; puis apercevant les piqueurs à cheval, il s'était élancé contre eux en poussant un affreux mugissement, et tous les spectateurs avaient applaudi en criant bravo, s'attendant à voir un *taureau excellent*, c'est-à-dire un taureau qui allait tuer ou estropier une douzaine de chevaux et d'hommes. Cela donna même lieu à deux incidents plaisants. Les deux alguazils étaient encore dans l'arène, quand l'animal y avait été introduit. Avertis par les cris de la populace: *El toro, el toro,* l'un d'eux avait tourné la tête et vu de loin le taureau ; et aussitôt de pousser son cheval vers la porte par laquelle il devait sortir; mais les amateurs expulsés de l'arène l'avaient méchamment fermée en sortant, de sorte que les alguazils, saisis de frayeur, se mirent à beugler aussi fort que le taureau : *La puerta, la puerta;* ce qui amusa beaucoup les spectateurs.

L'autre incident fut causé par le taureau lui-même. Il s'était précipité vers les piqueurs avec toutes les apparences du courage et de la fureur; mais, lorsque arrivé à dix pas il les vit baisser leurs lances, il s'enfuit lâchement du côté opposé. Ce furent alors les piqueurs qui le poursuivirent; mais il ne leur fut pas possible d'engager le combat, parce qu'il esquivait avec une merveilleuse adresse les coups qu'on lui portait. Alors on se mit à crier de tous les côtés : *Darle perros* (lâchez les chiens sur lui). Ce fut ce qu'on fit, et le pauvre animal harcelé par une vingtaine de chiens, se mit à courir rapidement autour de l'arène, hasardant de temps en temps quelque coup de corne ou quelque coup de pied contre les chiens qui le poursuivaient de trop près.

Il y avait dans la loge où se trouvaient nos voyageurs trois ou quatre dames fort élégantes, et dont la plus âgée n'avait pas trente ans. Gustave fut scandalisé de les entendre s'écrier sans cesse : *O' que indigno !* Se tournant alors vers M. Germon, qui se trouvait à côté du petit vieillard, il lui dit en français pour que ses voisins ne l'entendissent pas : « Comment trouvez-vous ces dames ? il leur faut du sang, de malheureux chevaux éventrés, ou peut-être même des hommes écrasés sous les pieds du taureau, pour les intéresser ou les amuser. Eh ! quelle idée, bon Dieu ! faudra-t-il prendre de leur caractère, si l'on juge d'elles par le goût dépravé qu'elles montrent ?

— Monsieur, lui dit le vieillard en se servant de la même langue, je suis un vieux Espagnol, et vous me permettrez de prendre un peu la défense de mon pays. Vous vous imaginez que ce spectacle nous accoutume au sang, nous endurcit le cœur, qu'il nous rend presque féroces. C'est un préjugé qui, pour être commun chez vous, messieurs les Français, n'en est pas plus fondé. J'ai quatre-vingt-deux ans, et je ne me suis jamais aperçu que ce spectacle ait altéré notre caractère national. Nous savons que, par leur adresse mille fois éprouvée, ces gens-là savent toujours échapper au danger. Quelquefois pourtant, direz-vous, on voit arriver des accidents funestes ; cela est vrai, mais combien y a-t-il de professions qui offrent des chances périlleuses ! est-ce une raison pour qu'elles ne soient pas exercées ? Je ne parle pas de la carrière militaire, où il n'est question que de tuer les hommes : l'opinion l'ennoblit, je la respecte ; mais, par exemple, parce qu'un couvreur, un maçon tombe du haut d'un toit et se tue, faut-il renoncer aux maçons et aux couvreurs? Vous me direz encore que le cas est différent, parce que ceux-ci appartiennent à une profession utile et nécessaire, tandis que les premiers, comme les gladiateurs de Rome, exposent leur vie pour amuser le public ; et cela est encore vrai ; mais en cela même je trouve un motif de plus pour justifier l'espèce d'indifférence que ces gens-là inspirent. On ne peut pas estimer des hommes qui volontairement se dégradent et s'avilissent, et l'on n'est guère porté à s'intéresser à ceux qu'on méprise. Quant à nos Espagnoles, je vous assure que telle femme qui a vu tourmenter et égorger huit taureaux, blesser vingt chevaux et deux ou trois hommes, ne tuerait pas une mouche quand elle est rentrée chez elle ; elles n'en sont ni moins douces, ni moins sensibles aux peines d'autrui. »

« La conversation, ainsi engagée, se prolongea jusqu'à la fin du spectacle. Gustave répondit au vieillard des choses flatteuses, s'excusa de n'avoir parlé que sur la première impression qu'il avait reçue, et déclara vouloir s'en rapporter à sa vieille expérience. Quand les courses furent finies, nos voyageurs gagnèrent leur hôtel pour aller chercher leur dîner, dont le besoin commençait à se faire sentir. « Ce vieillard, leur dit D. Lopez, est probablement le doyen de nos littérateurs. Il s'est fait connaître sur la fin du siècle passé par de volumineux *Mémoires* sur l'industrie nationale. Il s'appelle D. Eugenio Larruga. De toutes les parties de l'Espagne, on lui adressait des mémoires sur les produits du sol et sur ceux des manufactures de tout genre. Il augmentait ces notices de ses propres observations, les allongeait par des notes et des commentaires, et prêtait à tout cela un style diffus qui faisait croître le nombre des volumes. »

Gustave demanda quelques renseignements à D. Lopez sur la littérature espagnole. « Nos travaux littéraires, répondit D. Lopez, se bornaient à des traductions avant 1808. Ce n'est pas qu'il n'y eût à Madrid des hommes remplis de connaissances profondes, doués d'un jugement solide ou même d'une imagination brillante; mais les censeurs étaient là avec leurs poids et leur tarif pour les pensées, et leur inflexible constance à s'opposer aux progrès des lumières.

— Plût au Ciel, répliqua M. Germon, que nous eussions eu en France une censure aussi rigide que celle dont vous vous plaignez ! Tous ces écrits ennemis de la religion, de la morale et du gouvernement, n'auraient point paru, et bien certainement la révolution aurait trouvé moins d'auxiliaires. L'Espagne a-t-elle gagné à ce qu'on la délivrât de ses censeurs et de ses inquisitions?

— Vous avez raison, reprit D. Lopez; mais dans ce que j'ai dit c'est moins ma propre opinion que j'exprime, que je ne suis l'écho des propos qui se tenaient alors.

« Aussi, continua-t-il, de tous les ouvrages originaux qui se publiaient, à peine quelques-uns méritaient-ils d'être cités. Des livres de logique, des livres ascétiques, des traités de théologie, quelques comédies du fécond mais faible Comella, voilà tout ce qui sortait des presses de Madrid. En revanche on était inondé de traductions, et surtout de traductions de romans. J'ai vu traduire et vendre jusqu'à votre vieille Cassandre. Si la littérature était peu florissante, la poésie, moins gênée dans sa marche, était cultivée par des hommes d'un grand mérite. Les fables d'Uriarte obtinrent beaucoup de succès; Montengon dans ses odes s'éleva au niveau des plus grands lyriques; Guarcia de la Huerta se distingua par un talent facile et un style pur et plein de charmes. Melendez Valdez eut de plus le mérite d'unir la verve à la douceur et à l'élégance. Aussi fut-il surnommé l'Anacréon espagnol. Toutefois il faut convenir qu'on ne trouve en général, dans les poésies espagnoles, ni profondeur d'idées, ni correction soutenue, ni esprit d'ordre et d'analyse dans la distribution des matières. Chez nous le poëte plein d'enthousiasme ne s'astreint à aucune règle, il laisse courir son imagination vagabonde, et il en couvre les écarts par la richesse d'une langue sonore et harmonieuse. C'était surtout dans la composition des pièces de théâtre que nos auteurs s'abandonnaient au désordre de leurs idées; quelques-uns ont essayé, il est vrai, de ramener à des règles fixes l'art dramatique, mais on dirait que l'imagination de nos poëtes perd tout son feu quand on tente de la diriger. On a fait disparaître quelques-unes des disparates qu'offraient les ouvrages anciens, et on a substitué à ceux-ci des pièces froides, à intrigue ennuyeuse, à caractères mal définis, à style sans couleur.

« Je ne parle là que de la littérature espagnole telle qu'elle était avant l'occupation française; depuis cette époque, le mal n'a fait qu'empirer. La guerre nationale, les constitutions, les guerres civiles ont absorbé toute la puissance de l'imagination. Chacun veut être Solon ou Lycurgue. On fait de la politique au théâtre, dans les salons, jusque dans les échoppes. Ne croyez pas d'ailleurs que ce sont les sociétés savantes qui nous manquent. Nous avons des académies pour les langues, pour les sciences, pour l'histoire, pour les beaux-arts; mais toutes ces sociétés sont devenues des clubs politiques plutôt qu'elles ne remplissent leur destination originaire.

— Puisque, sans nous en apercevoir, nous sommes entrés dans le champ de la politique, dit M. Germon en interrompant D. Lopez, vous devriez bien nous faire en peu de mots l'historique de vos révolutions, qui, je le crains bien, ne sont pas près de finir.

— Vous savez, dit Lopez, qu'avant la guerre de l'indépendance, le gouvernement était monarchique et absolu, que seulement la Biscaye avait conservé le privilége de tenir ses assemblées provinciales qui fixaient les sommes à payer au roi, non comme impôt, mais comme *don gratuit*. Cette province pouvait d'ailleurs communiquer librement avec la France, parce qu'elle n'avait de douanes qu'au delà de ses frontières du côté de l'Espagne. Quand notre territoire eut été complétement envahi par les armées françaises en 1810, les anciennes cortès, depuis longtemps abolies, se réunirent dans l'île de Léon, aux portes de Cadix, et en 1812 elles publièrent leur fameuse constitution dite des cortès, modelée sur la constitution française de 1791. D'après cette constitution de l'an XII, il ne doit y avoir qu'une seule assemblée composée des députés élus par les paroisses, les districts et les provinces. La monarchie doit être héréditaire, mais la souveraineté appartient au peuple, qui, seul, a le droit de faire des lois. Le roi est investi du pouvoir exécutif, mais il n'a qu'un droit de veto dans les matières d'administration législative. Cette constitution avait été reconnue par les puissances européennes, alors coalisées contre la France; en 1814, lorsque Napoléon eut retiré ses troupes de la Péninsule et rendu la liberté à Ferdinand, celui-ci, ressaisissant l'autorité, annula tout ce qui s'était fait; mais bientôt une insurrection militaire éclata dans l'île de Léon, et la constitution de 1812 fut de nouveau proclamée; Ferdinand se vit obligé d'adhérer à l'acte des nouvelles cortès. Cette fois, les puissances ne virent pas sans inquiétude la révolution espagnole; ils la proscrivirent, et la France fut chargée d'exécuter les volontés de la Sainte-Alliance. Le duc d'Angoulême entra aussitôt en Espagne avec une armée de cent mille hommes, et nos constitutionnels qui criaient sur les toits *la liberté ou la mort*, s'enfuirent devant l'armée française, et, reculant de poste en poste, finirent par s'aller enfermer dans Cadix, où ils furent enfin contraints de capituler.

« Ferdinand, rétabli sur son trône, annula de nouveau tous les actes des cortès, et rétablit l'ancien régime dans sa plénitude. Comme il n'avait pour héritière qu'une fille en bas âge, il abolit en 1832 la loi salique, que Philippe V avait apportée en Espagne. Cette loi, qui contrariait les plus anciens usages, fut très-mal reçue par la nation lorsqu'elle fut publiée. En 1789, Charles IV avait assemblé les cortès du royaume, et il s'était fait demander par des députés dévoués le rapport de la loi; il prit une résolution conforme. Par ordonnance du 29 mars 1830, Ferdinand déclara loi de l'État la résolution de son père; déjà la constitution des cortès de 1812 avait de même réglé l'hérédité au trône et reconnu le droit des filles. En septembre 1832, Ferdinand révoqua l'ordonnance de 1830, mais très-peu de temps après il rétracta la révocation, alléguant que ses ministres avaient profité d'un accès de son mal pour lui arracher une signature. Revenu momentanément à la santé, Ferdinand convoqua les cortès à Madrid par ordonnance du 7 avril, et dans la séance du 3 juin les grands du royaume, les prélats, les députés des villes prêtèrent serment de fidélité à la jeune Isabelle. Le roi mourut d'un accès de goutte le 29 septembre suivant.

« Isabelle fut reconnue par toutes les provinces du royaume, à l'exception de la Biscaye et de la Navarre, qui proclamèrent don Carlos, frère de Ferdinand, lequel avait formellement protesté contre la déclaration de 1832. De là naquit la guerre civile, guerre qui a duré plusieurs années et qui s'est terminée par l'expulsion de don Carlos et des carlistes, et la soumission des provinces révoltées. A la mort de Ferdinand, sa veuve Christine fut nommée regente du royaume, et en 1834, poussée par des conseillers qui croyaient bien faire, elle donna aux Espagnols une constitution nouvelle sous le nom de *statuto real*. Cette constitution rétablissait les cortès divisées en deux *estamentos* ou chambres, la chambre des pairs ou *proceres* composée de prélats et de grands du royaume ou de membres nommés à vie par la couronne, et la chambre des *procuradores* composée des députés des provinces, nommés pour trois ans par les *ayuntamientos* ou juntes des provinces. Dans ce statut royal, la seconde chambre seule avait le droit de voter l'impôt. En 1836, comme l'esprit de libéralisme se faisait trop vivement sentir dans la chambre des *procuradores*, la régente prit le parti de dissoudre les chambres, et une insurrection militaire éclata au mois d'août suivant à Saint-Ildefonse, où la cour se trouvait; la fameuse constitution de 1812 fut présentée à la reine, qui se vit forcée de la signer.

« Les cortès furent convoquées d'après le mode indiqué par cette constitution ; mais elles s'occupèrent d'y faire des modifications qui la missent en harmonie avec celle des États constitutionnels de l'Europe ; de sorte que la représentation nationale se compose, comme sous le statut royal, de deux chambres, haute et basse. De nouvelles divisions éclatèrent en 1840, entre la régente et l'armée influencée par le général Espartero. La première fut forcée de quitter l'Espagne ; et le second, qui s'était fait nommer régent, aspirait ouvertement au titre de dictateur ou peut-être même à quelque chose de plus, lorsqu'une nouvelle révolution le précipita du pouvoir, et y fit monter la jeune Isabelle II, déclarée majeure. »

CHAPITRE IX

Maisons royales. — Industrie. — Commerce.

Gustave et son mentor ne voulurent point s'éloigner de Madrid sans avoir vu les trois résidences royales où, suivant un usage constant de la cour depuis plusieurs règnes, la famille royale se rend régulièrement chaque année. Ces trois résidences sont l'Escurial, que les Espagnols appellent *Escorial;* Aranjuez et Saint-Ildefonse ou la Grange. Voici l'ordre des marches : quand l'hiver arrive, on se rend à l'Escurial; à la fin de décembre, on rentre à Madrid; dans le courant de janvier, on part pour Aranjuez. Vers la fin de juin, la cour revient à Madrid; elle y passe un mois, après lequel elle se rend à Saint-Ildefonse, où elle séjourne jusqu'au mois de novembre. De Saint-Ildefonse, on gagne l'Escurial sans passer à Madrid. Jamais on ne s'écarte de ce plan uniforme, de sorte que chaque saison de l'année apporte irrévocablement les mêmes scènes, les mêmes jouissances et les mêmes ennuis.

Nos voyageurs partirent pour Aranjuez dans les premiers jours de juillet. Le moment était favorable, la cour était à Madrid, ce qui permettait aux étrangers de visiter l'intérieur des palais.

Aranjuez, où l'on arrive par une très-belle avenue, est une petite ville située à sept lieues de Madrid, au confluent du Xarana et du Tage, peuplée d'environ trois mille cinq cents habitants, et bâtie en partie dans le goût hollandais, c'est-à-dire qu'elle a des rues très-larges avec une rangée de beaux arbres de chaque côté. Philippe II y construisit un palais; Charles-Quint avait commencé une résidence royale. Le château a de magnifiques escaliers de marbre, des glaces de la plus grande dimension, et beaucoup de tableaux de prix des écoles espagnole et italienne; mais c'est un bâtiment mesquin et de peu d'apparence, tout construit en briques. « Dans le printemps, dit D. Lopez à ses amis, Aranjuez offre un séjour enchanteur. Ses jardins, situés en partie dans une île du Tage, surpassent en beautés pittoresques tout ce qu'on pourrait imaginer; les eaux du fleuve, distribuées dans la campagne par mille canaux, répandent de tous côtés la fécondité et la fraîcheur; des bosquets touffus, des prairies richement émaillées de fleurs, des buissons de rosiers partout, achèvent d'embellir le tableau; mais à peine les chaleurs se font-elles sentir, que l'air devient dangereux et malsain. Les vapeurs qui s'élèvent de la surface des eaux viennent se condenser au milieu des arbres; elles y entretiennent une insupportable humidité, tandis que, non loin de là dans la campagne et sur les places, le soleil échauffe, dessèche, brûle tout ce qu'il touche de ses rayons. Ce fut dans le palais d'Aranjuez que fut signé le fameux traité d'alliance entre la France et l'Espagne du mois d'avril 1772. Ce fut aussi dans Aranjuez qu'éclata la révolte du 18 mars 1808, qui amena l'abdication forcée de Charles IV, et un peu plus tard l'inconcevable catastrophe de Bayonne. »

Après avoir vu Aranjuez, nos voyageurs reprirent la route de Madrid, et ils visitèrent en passant plusieurs maisons de plaisance peu éloignées de la route, *la casa del Campo*, *la Florida*, *la Zarzuela*, *el Pardo*, et ils n'y trouvèrent rien de bien curieux.

Le lendemain ils se rendirent à l'Escurial. C'est une très-petite ville qui n'a pas deux mille habitants, située sur le versant méridional des montagnes de Guadarama. A la suite d'un vœu qu'il avait fait avant la bataille de Saint-Quentin en 1557, Philippe II fit construire en ce lieu, en l'honneur de saint Laurent, un superbe monastère, qui passe pour le plus vaste et le plus beau qui soit au monde. La surface qu'il occupe par ses divers bâtiments a la forme d'un gril; on sait qu'un gril fut l'instrument du supplice du saint patron. Nos voyageurs virent la riche collection de tableaux qui ornent le monastère et le palais, et la belle bibliothèque dans laquelle on conserve un ample recueil de manuscrits arabes. Ils visitèrent aussi les magnifiques caveaux où sont déposés les restes des rois et des reines d'Espagne; mais ils trouvèrent que la position de l'Escurial était mal choisie, et qu'il n'est pas possible de trouver sur la terre un lieu plus triste et plus sauvage.

Comme ils remarquèrent que dans la plupart des rues il y avait des cordes tendues le long des murs, Gustave demanda quel usage on faisait de ces cordes. « Il règne ici dans l'hiver et dans le printemps, répondit D. Lopez, des vents si impétueux, que, pour leur résister, on est obligé de saisir ces cordes et de s'y cramponner. Cela n'empêchait pas le bon Charles IV d'aller tous les jours à la chasse, qu'il aimait beaucoup. Il partait dans un carrosse antique, fort lourd, mais très-solidement construit, attelé de huit mules qui l'entraînaient avec une incroyable rapidité. Quand il arrivait au lieu indiqué pour la chasse, il montait à cheval, et l'on jetait sur ses épaules une redingote de taffetas ciré pour le garantir de la pluie qui tombe presque continuellement dans cette saison. »

De l'Escurial à Saint-Ildefonse il y a huit lieues de distance, qu'on franchit en cinq heures; mais il était déjà nuit quand les trois amis y arrivèrent, de sorte qu'ils remirent au lendemain la visite qu'ils voulaient faire au château, aux jardins et à la verrière. Le palais est un bâtiment peu remarquable, mais décoré intérieurement de superbes glaces et de peintures précieuses. Quant aux jardins, ils furent construits par Philippe V, sur le modèle de ceux de Versailles, qu'ils surpassent peut-être pour l'agrément, la fraîcheur et la beauté pittoresque de plusieurs sites. Ici, comme à Versailles, l'art a lutté contre un sol ingrat et a forcé la nature à produire en des lieux qu'elle avait voués à la stérilité; nos deux Français y admirèrent plusieurs ouvrages qui attestent l'empire de l'homme intelligent sur tout ce qui existe. Les jardins contiennent toutes sortes de fleurs, de plantes et d'arbres, indigènes ou exotiques, venus sur des couches profondes de terres transportées. Le village est pauvre et d'un aspect triste. Il est situé au pied d'une roche aride et nue; ses environs sont affreux. Lopez fit remarquer à ses compagnons un jet d'eau qui s'élance à une hauteur prodigieuse. L'eau y descend d'un réservoir placé sur le sommet de la montagne à une hauteur de plus de deux cents pieds. Ce jet porte le nom de *Fuente de la Fama*, fontaine de la Renommée. En sortant des jardins, nos voyageurs entrèrent dans la verrerie; ils y virent fabriquer divers objets et couler des glaces de grandeur moyenne. C'est de cette manufacture que sont sorties ces glaces de proportions immenses qui ornent les divers palais des souverains de l'Espagne. Il n'y a pas en Europe de résidence royale aussi élevée : sa hauteur au-dessus du niveau de la mer, plusieurs fois mesurée, a été trouvée de cinq cent quatre-vingts toises.

Gustave ne fut pas plutôt de retour de cette courte excursion, qu'il voulut s'occuper de remplir la promesse qu'il avait faite à son oncle de lui envoyer ses observations sur le commerce et l'industrie des Espagnols. Ses propres remarques n'avaient pu embrasser beaucoup d'objets, mais il avait consulté quantité d'ouvrages et demandé de tous côtés des renseignements ; D. Lopez lui en avait fourni un grand nombre. Il composa de toutes les notions qu'il avait recueillies un petit résumé fort succinct, mais substantiel, que son oncle ne put lire qu'en pleurant de joie, parce qu'il entrevoyait que Gustave serait un jour un grand négociant.

« Lié pendant plusieurs siècles à l'état de manufactures, le commerce de l'Espagne prospéra comme elles jusqu'à la découverte de l'Amérique. L'Espagne tirait tout alors de son propre sol, et l'industrieuse activité des Maures fournissait aux étrangers des objets manufacturés qui sortaient de leurs fabriques. Alméric et Barcelone avaient des relations très-étendues dans le Levant, et leurs vaisseaux allaient chercher les productions de l'Égypte et de la Syrie. Après l'expulsion des Maures, les Espagnols, restés sans manufacture, exportaient ces matières brutes que leur sol fournissait, et ils recevaient ces mêmes matières de leurs voisins après que ceux-ci les avaient mises en œuvre, ce qui produisait pour l'Espagne un commerce très-onéreux dont la balance était tout à son désavantage ; car, outre qu'elle devait restituer aux étrangers le prix de la matière, elle leur payait encore le prix de la fabrication. La découverte de l'Amérique augmenta le mal, d'abord par les émigrations nombreuses qu'elle occasionna, ensuite par la restriction qui fut faite de la liberté du commerce avec les colonies : le seul port de Séville l'obtint ; en 1720, son privilége passa au port de

Cadix. D'un autre côté, le défaut de manufactures empêchant d'ouvrer les matières qui s'importaient des colonies, les étrangers les achetaient brutes et venaient les revendre à un très-haut prix. La défense de Philippe V d'exporter et de vendre à ceux avec qui on était en guerre, consomma la ruine du commerce. Plus tard ce prince voulut réparer la faute qu'il avait commise, et sur la fin de son règne il prodigua les encouragements à l'industrie nationale; ses successeurs l'imitèrent : mais ce qui contribua le plus à relever le commerce, ce fut l'ordonnance de Charles III, qui étendit à plusieurs ports de l'Espagne le privilége du port de Cadix. La Compagnie des Philippines, établie en 1784, avait obtenu d'heureux résultats. La guerre de l'indépendance, la perte des colonies américaines, les guerres civiles ont porté à cette Compagnie et au commerce en général une atteinte funeste; le mal est moins considérable pourtant qu'on ne le pense communément.

« Le commerce d'exportation a pour objet les productions du sol et les denrées coloniales. Parmi les premières, les laines tiennent le premier rang; avant la guerre on évaluait à trente-cinq à quarante mille le nombre des balles qui passaient à l'étranger par Bilbao, Santander, Saint-Sébastien, la Corogne et quelques autres places; aujourd'hui cette branche de commerce se trouve réduite à un huitième au plus de ce qu'elle était autrefois. Ce n'est peut-être pas un mal, car, faute de manufactures, on vendait les laines en rames ou lavées, quelquefois même en suint, ce qui était pour l'Espagne un désavantage réel. Viennent ensuite les vins. Ceux de Malaga, d'Alicante, de Rota, jouissent d'une grande réputation. Ceux de Xerès rivalisent avec le Madère; ils s'exportent par Alicante et Malaga. Barcelone et Valence fournissent des eaux-de-vie. L'Aragon, la Catalogne et l'Andalousie exportent de l'huile; la Galice, des toiles et des bas de fil; la Biscaye, du fer et de l'acier; le royaume de Valence, de la baryte et de la soude; les fruits secs, le sel, le liége brut et en bouchons, les sardines, les chevaux andalous, les mérinos, la soie, le soufre brut, le mercure, le plomb, etc., sont encore des articles du commerce d'exportation. Toutes ces marchandises passent dans les divers États de l'Europe. L'Espagne exporte aussi pour les Philippines et les colonies qui lui sont restées, des produits manufacturés qu'elle tire elle-même de l'étranger ou qui sortent de ses propres fabriques. Ce sont principalement des toiles, des étoffes de laine et de soie, des glaces, des quincailleries et autres objets de luxe ou de première nécessité.

« L'Espagne reçoit en échange de ce qu'elle exporte, savoir : de la France, des draps, des serges, des soieries, des dorures, des ouvrages d'orfévrerie, des articles de mode, des odeurs, etc. ; de l'Angleterre, des ouvrages d'acier, des toiles de coton, de la morue, etc. ; de la Hollande, des toiles et des dentelles; de Hambourg, des merceries de toute espèce. Elle retire de ses colonies du cacao, du sucre, du tabac, des épiceries, de l'indigo, de la cochenille. L'Andalousie reçoit des blés de la Grèce et de l'Afrique. Le terrain de l'Andalousie, bien que généralement fertile, manque partout de culture, et ne peut, en bien des endroits, fournir aux besoins des habitants. C'est par des bâtiments africains que se fait ce commerce, tout au détriment de l'Espagne, parce que ces bâtiments ne chargent pas en retour des marchandises, et ne reçoivent que de l'argent.

« Le port de Cadix est le plus renommé de l'Espagne ; malgré la franchise ou *habilitacion* accordée à d'autres ports, il avait conservé une grande supériorité par le nombre infini de négociants et d'armateurs établis dans la ville. Séville, dont le commerce autrefois était immense, avait beaucoup perdu par l'accroissement de Cadix ; mais sa situation dans l'intérieur, ouvrant un débouché commode aux productions du sol, a contribué à maintenir cette ville dans un état assez florissant. Après Cadix, on peut nommer Barcelone, dont le commerce d'exportation et d'importation est toujours très-actif. Alicante donne ses vins, du kermès, de la sparterie et une immense quantité de soude et de baryte ; Carthagène fait le même genre de commerce qu'Alicante, mais avec moins d'étendue. Malaga a un bon port, mais il est peu fréquenté ; Alméric n'a plus que de faibles vestiges de sa grandeur passée. La Corogne, dans la Galice, fait presque tout le commerce avec l'Angleterre, la Hollande et la France.

« Le commerce intérieur languit faute de routes et de communications aisées. Depuis le cap Finistère jusqu'au cap de Creus, les Pyrénées couvrent le pays de leurs masses. Une longue chaîne, qui descend des montagnes de Santander jusqu'à Grenade, jette vers l'ouest plusieurs branches considérables. La première traverse la Castille et le royaume de Léon; la seconde part de Acenca et va se perdre à Badajoz; la fameuse *Sierra-Morena* forme la troisième; la dernière suit la côte de la Méditerranée depuis Alméric jusqu'à Gibraltar. Entre ces diverses chaînes coulent le Duero, le Tage, la Guadiana et le Guadalquivir; mais ces rivières ne sont navigables qu'en partie, et l'on manque de grandes routes. Sous le dernier règne, on en avait commencé quelques-unes; les événements ont fait suspendre tous les travaux; beaucoup de provinces n'ont encore que des bêtes de somme pour moyens de transport.

« De ces provinces, les unes, comme la Nouvelle-Castille, le royaume de Léon et les Asturies, reçoivent tout et ne fournissent rien; d'autres, telles que la Galice, la Biscaye, la Vieille-Castille, le royaume de Murcie, l'Andalousie, fournissent à peu près autant qu'elles reçoivent; d'autres enfin, telles que la Catalogne et le royaume de Valence, fournissent beaucoup, rendent manufacturées les matières qu'elles ont reçues, importent peu, et font ainsi un commerce très-avantageux. Du royaume de Valence, on tire, outre les fruits secs, dont il se fait une grande consommation, beaucoup d'objets de sparterie et des carreaux de faïence, connus en Espagne sous le nom d'*azulejos* à cause de leur couleur bleuâtre.

« L'histoire des manufactures espagnoles dans les divers âges de la monarchie donnerait lieu à des recherches intéressantes, plus faites néanmoins pour exciter la curiosité que pour amener des résultats utiles. On pourrait en conclure que l'Espagne se passerait aisément de tous ses voisins, si l'industrie nationale était soutenue et encouragée. On est même forcé de reconnaître que l'Espagne est bien au-dessus de l'état arriéré où les étrangers qui la connaissent peu semblent se plaire à la représenter. La Catalogne fournit beaucoup de blondes et de dentelles. Tous les villages voisins de la mer sont remplis de métiers. Barcelone et Valence fabriquent des bas de soie, des mouchoirs et des rubans; Tolède, Mataro, Talavera, Almagro, fabriquent des taffetas, des satins, des velours, des étoffes brochées d'or et d'argent. Les meilleures toiles sortent des ateliers de la Corogne et d'Oviédo; les toiles à voiles, les cordages, les câbles se font principalement au Ferrol, à Cadix et à Carthagène. Sant-Yago et Saragosse ont de bonnes écoles de filature au tour. Les manufactures de draps et lainage sont très-multipliées dans la Catalogne, l'Aragon, le Léon, la Castille et l'Andalousie. Alcoy et Terrada, dans les provinces de Valence et de Catalogne, font des draps supérieurs au plus beau Carcassonne, et aussi fins que l'Elbeuf. Ceux de Ségovie et surtout de Guadalaxara l'emportent pour la finesse et la qualité sur tous les draps de l'Espagne.

« Les tanneries de Valladolid, de Séville, d'Arcoi, de Malaga, de Grenade, donnent des produits sinon supérieurs, du moins égaux à tout ce que les étrangers ont de mieux ; les papiers d'Alcoy et de Madrid, les nankins de Barcelone, la faïence et la porcelaine d'Alcora et de Monclos, les toiles cirées de la Catalogne, les chapeaux de Badajoz, les toiles peintes de Madrid et beaucoup d'autres produits des manufactures espagnoles, peuvent entrer en concurrence avec ce que les autres pays de l'Europe produisent dans le même genre.

« Avant la guerre, on fabriquait beaucoup de sparterie, mais cette branche de commerce a été presque anéantie par l'effet des troubles; on y a substitué la culture en grand du coton à Valence, à Grenade et surtout à Motril ; celle du nopal (1) à Malaga, Cadix et Murcie ; celle de la canne à sucre à Malaga, Valence et Grenade. Cette dernière culture surtout semble destinée à prendre un grand essor. Egui dans la Navarre, Saint-Laurent-de-la-Mouga en Catalogne avaient de superbes fonderies de bouches à feu. Elles furent ruinées en 1794, et depuis cette époque elles ont été mal restaurées; on a fini même par les transporter dans les Asturies. Barcelone et Tolède fabriquent des armes blanches ; les lames de Tolède passent pour excellentes; Barcelone et Séville

(1) Plante sur laquelle se nourrit la cochenille.

fondent des canons en bronze. Les armes à feu de Ripoll dans la Catalogne ont une réputation bien méritée ; elles sont d'une bonté à toute épreuve, tant pour les canons que pour les batteries. »

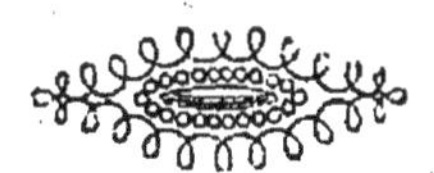

CHAPITRE X

Tolède. — Sierra-Morena. — Cordoue.

Gustave finissait à peine d'écrire sa longue lettre, que M. Germon, entrant dans sa chambre, lui annonça qu'il pouvait se préparer au départ qui aurait lieu le lendemain. Il venait de traiter avec un loueur de mulets; on lui en fournissait trois excellents et un piéton meilleur encore qui les accompagnerait à Cadix, d'où, passant par Malaga et Grenade, il les conduirait à Valence et de Valence à Madrid. Gustave aurait presque sauté de joie, en apprenant ces dispositions, qui s'accordaient si bien avec ses propres désirs, car c'était surtout l'Andalousie qu'il brûlait de voir, de même que ce riche pays de Valence, duquel D. Lopez ne cessait de raconter des merveilles. Ce dernier devait les accompagner jusqu'à Valence, où l'appelaient ses affaires; mais ce n'était pas sans peine qu'il s'était déterminé à faire un aussi long détour pour se rendre dans son pays, quand sa présence y était nécessaire.

La petite caravane sortit de Madrid, après avoir fait un excellent déjeuner. On suivit d'abord la grande route d'Aranjuez, jusqu'au village de Valdemoro, qu'on rencontre à quatre lieues de la capitale ; prenant ensuite un chemin de traverse, à la droite du village, on parvint à une heure de marche au village d'Illescas, où l'on résolut de passer la nuit ; et l'on ne s'y trouva pas trop mal, grâce aux provisions dont, par précaution, nos voyageurs s'étaient munis. Le lendemain, au milieu du jour, ils aperçurent les bords du Tage, et peu de temps après ils entrèrent dans Tolède, l'ancienne métropole de l'Espagne.

Cette ville, extrêmement ancienne, est située en partie sur un rocher escarpé que le Tage baigne de ses eaux. Du côté de terre, la ville est défendue par une double enceinte de murailles que flanquent cent cinquante grosses tours carrées ou semi-circulaires, dont on attribue la construction au roi goth Bamba, qui régnait sur la fin du VIIe siècle. Gustave et ses amis, à peine descendus de cheval, allèrent voir l'Alcazar ou palais des anciens rois maures. Ce palais s'élève sur le sommet du rocher. De ses croisées, la vue s'étend sur la rivière, sur la ville et sur la campagne ; l'enceinte extérieure forme un vaste carré ; la cour intérieure a cent soixante pieds sur cent trente ; elle est entourée de portiques formant galerie. Quatre grands pavillons occupent les quatre angles. Ce vaste édifice est à quatre cent cinquante pieds au-dessus du niveau de la rivière. L'eau nécessaire aux besoins de ses habitants monte à l'Alcazar par le moyen de machines.

Au-dessous du palais est la grande place *Socodebet;* elle est ronde et entourée de galeries ouvertes ornées de balcons.

Du palais, nos voyageurs descendirent vers la cathédrale, l'une des plus magnifiques de l'Espagne; ils remarquèrent ses hautes tours et ses portes d'airain, les sculptures en bois qui ornent les stalles du chœur, plusieurs bas-reliefs de marbre, les peintures du plafond de la sacristie. Ce qui, plus que tout, attira leur attention, ce fut la *chapelle des Rois*. Elle renferme le tombeau du fameux Alphonse VI, qui conquit Tolède sur les Maures en 1035, et celui de la reine sa femme. On voit aussi dans cette chapelle quelques autres tombeaux, parmi lesquels on distingue celui du roi Jean.

« Avant la guerre de l'indépendance, dit D. Lopez, la chapelle *del Sagrario* ou du Trésor contenait d'immenses richesses; il n'y avait pas de lieu sur la terre, excepté peut-être la chapelle de Notre-Dame de Lorette, où la piété des fidèles eût entassé avec plus de profusion l'or, l'argent et les pierreries. Le tabernacle qu'on portait dans les processions était de vermeil, haut de six pieds, tout couvert d'ornements de la même matière et de pierres précieuses. On assure qu'il se composait de sept mille pièces qui se montaient avec des vis. Il y avait dans l'intérieur un second tabernacle d'or; c'était là qu'on plaçait le soleil, tout brillant de rubis, d'émeraudes et de diamants. Il fallait trente hommes pour porter cette masse. »

Le palais de l'archevêque, aussi ancien que celui des anciens souverains, n'est ni moins vaste ni moins magnifique. Nos voyageurs y virent une belle collection de tableaux.

Tolède était autrefois renommé pour ses manufactures de soieries et de lainages, qui occupaient dix mille ouvriers. Cette branche d'industrie y est bien déchue, quoique les soieries qu'on y fabrique encore n'aient rien perdu de leur qualité. Trois ponts unissent les deux rives du Tage.

La caravane ne repartit de Tolède, où elle passa la nuit, que vers les dix heures du matin, parce qu'elle ne voulait qu'arriver à Ocana (Ocagna), afin de reprendre la grande route de l'Andalousie. Ocana est située sur une hauteur. Cette ville, la première qu'on rencontre en entrant dans la Manche, province à jamais illustrée par Cervantès, était autrefois riche et populeuse ; ses rues aujourd'hui sont presque désertes. Cependant le pays n'a point changé, le sol n'a point perdu sa fécondité ; c'est l'industrie qui a disparu. Cette plaine jadis si fertile en grains, qu'on traverse en sortant d'Ocana, ne présente plus que de faibles traces de culture.

« Nous entrons, dit D. Lopez, dans un pays pauvre, quoiqu'il ait en lui-même tous les éléments de la prospérité ; mais la paresse des habitants est un grand obstacle au développement de toute industrie. Ces gens-ci aiment mieux languir dans l'indigence que d'occuper leurs mains d'un travail utile qui les en ferait sortir. »

M. Germon et Gustave n'eurent que trop lieu de se convaincre que don Lopez leur avait dit la vérité. d'Ocana à Madrilejos il y a quinze à dix-huit lieues de distance, et dans tout cet immense intervalle on n'aperçoit pas un arbre, une source, une verte prairie. Gustave trouvait ce pays encore plus nu que la plaine des Croix-Mortuaires de l'Aragon. Toutefois Madrilejos est assez agréablement situé au milieu d'une campagne que quelques arbres ombragent. La ville parut à nos voyageurs assez bien bâtie. Ils y firent d'amples provisions, parce qu'ils furent avertis que toutes les auberges de la route, *venta*, *meson* ou *posada* (1), étaient assez mal fournies.

Le jour suivant, nos voyageurs trouvèrent le chemin plus agréable; de Mançanarez jusqu'à Valdepenas, ils traversèrent un vignoble qui passe pour produire le meilleur vin de la Manche. Cette réputation n'est pas usurpée, et l'on tient que le valdepenas est un excellent vin d'ordinaire. Le soir du cinquième jour, la caravane arriva au pied de la *Sierra-Morena*, de cette fameuse montagne Noire dont il est fait si souvent mention dans les romans espagnols; elle s'arrêta à l'hôtellerie ou *venta de Cardenas*, située sur la grande route au pied du versant septentrional de la montagne. Lorsque, en sortant le ma-

(1) Ces mots ont tous une signification propre. La *posada*, dans les petites villes, est une auberge où l'on donne le logement, non la nourriture. Le *meson*, dans les villages, est une auberge où l'on trouve le soir un souper et un lit. La *venta* est l'hôtellerie isolée que l'on trouve sur les chemins.

tin de l'hôtellerie, nos voyageurs jetèrent les yeux sur cette masse énorme qu'il fallait franchir, ils ne purent se défendre d'une vive émotion. Ils croyaient voir des rochers perpendiculairement suspendus sur leur tête et près de s'écrouler; mais à mesure qu'ils s'avançaient vers la montagne, toute idée de danger s'évanouissait, et, par une des plus belles routes qu'il y ait en Espagne, ils parvinrent, en serpentant sur le flanc des rochers, au difficile passage de *Despene Perro*, précipice affreux dont ils n'apercevaient pas le fond; de là, continuant toujours de monter, ils arrivèrent au joli village de Sainte-Hélène.

Ce chemin, tout le long duquel on voit de distance en distance des maison habitées, fut construit sous le ministère de Florida-Blanca, par M. Lemaure, ingénieur français au service d'Espagne. Cette contrée, autrefois déserte et sauvage, effroi des voyageurs, fut peuplée par les soins de D. Paul Olavide, intendant des quatre royaumes d'Andalousie, Séville, Jaen, Cordoue et Grenade.

« Ce fut Charles III, dit D. Lopez à ses compagnons de voyage, qui conçut le projet d'ouvrir cette route et de peupler le pays, afin d'en chasser les bêtes féroces qui l'infestaient et les bandes de voleurs, encore plus dangereuses, qui, dans ces gorges inaccessibles, trouvaient un asile contre toutes les poursuites. Olavide fut chargé par le ministre de diriger l'entreprise, et l'intendant réussit complétement. Malheureusement il eut de graves contestations avec le préfet ou président des missions qu'on voulait y établir. Dénoncé à la cour et accusé d'hérésie, il essuya beaucoup de désagréments, et l'inquisition finit par se saisir de sa personne. Il parvint, on ne sait comment, à se sauver de sa prison, et se retira en France, où il écrivit son fameux livre du *Triomphe de l'Évangile* (el Evangelio en triunfo). Ce livre excita en Espagne tant d'enthousiasme, que son auteur fut rappelé en 1798. Des colons avaient été appelés tant de l'étranger que des diverses provinces de l'Espagne; on bâtit pour eux des maisons, des villages, on leur donna des terres, et, malgré la disgrâce d'Olavide, la colonie se soutint dans un état florissant. »

Le village de Sainte-Hélène se forme d'une seule rue droite et fort longue; c'est la grande route. Non loin de là, sur la gauche, Gustave aperçut un vieux château dont les murs noircis par les siècles attestaient l'ancienneté; il en demanda le nom. « C'est le château de *las Navas*, lui répondit D. Lopez, fameux dans les fastes espagnols par la grande victoire que le roi de Castille Alphonse et ses alliés d'Aragon et de Navarre y remportèrent le 16 juillet 1212 sur les Almoravides et les musulmans d'Espagne. »

Après une grande heure de marche, nos voyageurs arrivèrent à *la Carlota* (Caroline), chef-lieu de la colonie et peuplée de sept à huit mille âmes. Ses maisons sont basses, mais régulières. Il y a plusieurs fontaines et de belles promenades; le chemin, bordé d'arbres sur les deux côtés, traverse des vignes et des bois d'oliviers. Un grand nombre de ses habitants sont d'origine allemande. En sortant de la Carlota, on traverse le village de *los Carboneros*, des Charbonniers, et ensuite celui de *Guarroman*; bâtis l'un et l'autre en même temps que le chef-lieu. Au delà du Guarroman, la route commence à descendre; on sort de la montagne Noire et l'on arrive à Baylen.

La campagne était alors couverte d'épis et d'oliviers en fleur: on y voyait bondir dans les prairies voisines une grande quantité de chevaux. Gustave était ravi de ce tableau si animé; mais quand il entendit nommer Baylen, il éprouva un sentiment pénible. « Hâtons-nous, s'écria-t-il, de nous éloigner; ce nom me fait mal. Quoi! c'est ici qu'une armée française toute composée de braves soldats a posé les armes devant des bandes indisciplinées de paysans! Oh! quand leur général, qui ne sut ni combattre ni mourir s'il l'eût fallu, les obligea de capituler, combien l'obéissance dut leur paraître pénible! Je me souviens de l'avoir ouï dire de mon père: ces vingt mille Français d'excellentes troupes auraient battu cent mille insurgés s'ils avaient eu pour général le dernier seulement de leurs capitaines. » M. Germon sourit à cette brusque sortie de Gustave, et D. Lopez ne répondit rien. Il était Espagnol, et peut-être regardait-il la capitulation de Baylen comme un triomphe de bon aloi.

Andujar, où nos voyageurs arrivèrent à l'entrée de la nuit, est une ville très-ancienne, bâtie aux dépens d'une autre ville plus ancienne, dont on voit encore les ruines à peu de distance, au lieu appelé le Vieux-Andujar. Sa population, autrefois considérable, est d'environ quatorze mille âmes. Sa situation sur la rive droite du Guadalquivir, navigable à commencer de ce point, lui assure un débouché facile pour ses produits, qui consistent principalement en huile et en blé. En parcourant la ville, Gustave parut surpris de voir exposés en vente une multitude infinie de vases de terre, assez légers et de couleur jaune brun, auxquels on donne à peu près la forme de nos carafes. « Ces pots, dit D. Lopez, se fabriquent avec une terre poreuse que fournissent les environs de cette ville; on les désigne par le nom de *pajaros* ou *alcarazas;* ils ont la propriété bien connue en Espagne de purifier et de rafraîchir l'eau dont on les emplit, pourvu qu'on les tienne suspendus à un courant d'air.

— Ah! dit Gustave, je me souviens d'en avoir entendu parler quand j'étais au collége. On nous disait, je crois, que l'eau suintant sans cesse par les pores du vase, se dégageait d'une partie du calorique qu'elle renfermait; que l'air, qui se renouvelait constamment à l'extérieur, établissait alentour une atmosphère plus froide, et que, par la tendance qu'ont tous les fluides à se mettre partout de niveau, le calorique contenu dans l'eau était vivement sollicité de s'épancher au dehors. Ces deux causes réunies doivent, je le conçois, produire ce rafraîchissement.

— Je ne vous dirai pas, répliqua D. Lopez, si la cause du phénomène est telle que vous le dites, car je ne suis pas grand physicien; je ne parle que du fait, et je vous assure qu'il est positif. Aussi ces alcarazas sont-elles pour la ville d'Andujar un objet très-important de son commerce. Il s'en fait en Espagne, et surtout dans la Castille, une consommation immense. »

Après avoir quitté Andujar, on arrive, par une marche de trois heures à travers une plaine coupée de collines couvertes d'oliviers, au joli village d'*Aldea del Rio*, sur la rive gauche du fleuve qu'on a traversé sur le pont d'Andujar. De ce village jusqu'à Bujalance, où ses habitants prétendent retrouver la *Calpurniana* des Romains, le pays est fertile et paraît assez bien cultivé. Comme cette ville n'a que de fort mauvaises auberges, on ne s'y arrête guère, et les voyageurs poussent ordinairement jusqu'au petit village d'*El Carpio*, qui possède une assez bonne hôtellerie. A trois lieues de là on passe de nouveau le fleuve, près de la *venta d'Alcolea*, sur un pont qu'on regarde, non sans raison, comme l'un des plus beaux de l'Espagne. Il a quinze ou seize arches, et il est tout construit en marbre noir, avec non moins de solidité que de magnificence. D'Alcolea on arrive en une heure à Cordoue (*Cordova*).

Cette ville si célèbre s'élève au pied d'une haute chaîne de montagnes, prolongement de la Sierra-Morena, sur la rive droite du Guadalquivir. La campagne y serait d'une grande fertilité, si aujourd'hui, comme autrefois, l'art y aidait un peu la nature. La situation de cette ville est extrêmement pittoresque. D'un côté, les montagnes en se séparant forment de riches vallées toutes couvertes d'arbres fruitiers, d'orangers et d'oliviers; de l'autre et au delà du fleuve, on voit se dérouler jusqu'à l'horizon une vaste plaine, comme un immense tapis de verdure. Cette plaine, connue sous le nom de *Campina de Bujalance*, s'étend à quinze à vingt lieues, de l'est à l'ouest, depuis les montagnes de Jaen jusqu'à Eaja, et, du nord au midi, depuis le Guadalquivir jusqu'à la rivière du Xenil, qui descend des montagnes de Grenade.

« Les chroniques du pays, dit D. Lopez, rapportent, de la population de Cordoue, de sa richesse et de ses édifices, des choses merveilleuses. Malheureusement ces merveilles n'existent plus que dans les souvenirs, et de tous les tableaux ravissants que nous offrent, dans leurs écrits, les historiens arabes, il ne reste qu'une ville grande, spacieuse, assez malpropre, dont les soixante mille habitants paraissent ignorer qu'ils ont remplacé un peuple industrieux et actif, qui savait exécuter des prodiges avec ce même sol qu'ils trouvent ingrat. C'est dans Cordoue qu'a régné ce fameux Abderhaman, que les romanciers français ont désigné par le nom ridicule de *Miramolin*, corruption plus qu'étrange du titre qu'il avait pris, de prince des fidèles, *Emir al Moumenin*, et dont le faste et la magnificence étonnèrent les ambassadeurs de l'empereur d'Orient.

« L'expulsion des Maures sous le règne de Ferdinand le Catholique fit perdre à Cordoue les deux tiers de ses habitants, et depuis cette époque le nombre de ceux qui restaient a beaucoup diminué. Il en est du commerce et des manufactures comme de la culture des terres et de tout le reste; à la sortie des Maures, la décadence a commencé, et sous la domination des rois de Castille elle a fait des progrès rapides. De tous les monuments dont les Arabes avaient embelli leur capitale, il ne reste guère que le magnifique pont sur le fleuve, et la grande mosquée, convertie en église chrétienne. C'est un bâtiment immense tout construit en pierres de taille. Les voûtes en sont soutenues par mille colonnes des plus beaux marbres ou de jaspes de couleurs diverses. Cette mosquée fut toujours regardée par les Arabes, puis par les Maures, comme un lieu si saint, que, longtemps après leur expulsion, ils y venaient encore d'Afrique en pèlerinage. »

Ici Gustave interrompit D. Lopez par ces mots: « Vous dites par les Arabes, puis par les Maures. Il s'agit donc de deux peuples différents?

— N'en doutez point, répondit D. Lopez. Si dans les derniers temps de leur séjour en Espagne ces peuples ont été justement confondus sous le nom générique de Maures, il ne saurai' en être de même pour les premiers siècles de l'occupation. Ce fut par les Arabes que l'empire des Goths fut renversé et le califat d'Occident établi sur ses ruines, et par des Arabes sortis de la Syrie, de l'Arabie même et de l'Égypte, que les premiers conquérants se renforcèrent. Quelques Africains, il est vrai, vinrent s'éta-

Mosquée de Cordoue.

blir aussi en Espagne, lorsque toute la Mauritanie, et principalement la partie occidentale, reconnurent la suprématie et l'autorité du calife de Cordoue. Mais lorsque le califat, déchiré par les dissensions intestines et abandonné par la fortune, s'écroula sur ses bases, et que de ses débris se formèrent une infinité de petits États indépendants, ces princes, tour à tour pressés à l'est par le roi d'Aragon, qui s'emparait de Valence, et au sud par les rois de Castille, qui reprenaient Tolède et menaçaient Séville, craignirent de ne pouvoir résister aux chrétiens. Ils appelèrent à leur aide les Almoravides, peuple nouveau, sorti de l'Atlas, et qui s'était rendu maître de tout l'Almagreb, c'est-à-dire de toute la Mauritanie occidentale. Ce fut alors que des essaims de Maures vinrent s'étendre sur l'Andalousie. De nouvelles peuplades l'inondèrent un siècle plus tard ; ce furent les Almohades, qui avaient renversé la puissance des Almoravides. Depuis cette époque, c'est-à-dire depuis le commencement du XIIIe siècle, le nom de Maure a prévalu sur celui d'Arabe, quoique les rois de Grenade, qui se sont maintenus en Espagne deux siècles après l'expulsion des Almohades, fussent tous d'origine arabe-andalouse.

« J'en reviens maintenant à la mosquée de Cordoue. Cet édifice et la ville qui le renfermait ont longtemps été, avec Grenade et son Alhambra, l'objet des vifs regrets des Maures après leur expulsion définitive. Jusqu'à la fin du XVIIe siècle, chaque jour à leur prière du matin ils se tournaient vers le nord, et se jetant à deux genoux, les mains levées vers le ciel, ils conjuraient Allah de leur rendre Cordoue et Grenade.

— Il me semble, dit Gustave, qu'ils n'avaient pas tort de regretter Cordoue, car la position de cette ville est magnifique; et d'après ce que nous voyons de la fertilité de ses campagnes, on peut juger aisément de ce que la nature pouvait faire lorsqu'elle était aidée. La position de Cordoue sur le Guadalquivir devait d'ailleurs favoriser son commerce.

— Vous ne vous trompez pas, reprit D. Lopez; Cordoue, sous le règne glorieux des Abderhamans, fut populeuse, riche et commerçante. Un des principaux articles de ce commerce était le mercure, qu'on retirait abondamment des mines d'Almadea, ville de dix mille âmes, que, pour la distinguer d'une autre ville d'Almadea qui se trouve au-dessus de Séville, on appelle *Almadea de Azogue*. Ces mines, qui présentent un développement aussi considérable que les plus riches exploitations de la Hongrie et de la Saxe, sont incontestablement les plus abondantes de l'Europe. Elles sont situées à douze à quinze lieues de Cordoue, au delà des montagnes, en tirant directement vers le nord. Les Romains les ont exploitées. Si même il faut en croire Pline, les Grecs en tiraient déjà du vermillon sept cents ans avant l'ère vulgaire; ce qui est certain, c'est que les Romains en tiraient tous les ans cent mille livres de cinabre. Vers l'on 1830 ces mines, où l'on comptait un millier d'ouvriers, fournissaient au commerce jusqu'à vingt-deux mille quintaux de mercure; et ce minéral est toujours si abondant, malgré plusieurs siècles d'exploitation, que les travaux ne s'étendent pas au delà de neuf cents pieds. Il est pénible d'avoir à dire que, pendant nos dernières guerres, un parti de carlistes ayant pénétré jusqu'à Almadea, cette malheureuse ville a été pillée et incendiée, et que la mine elle-même a été inondée, afin d'enlever les ressources de ses produits au gouvernement de la jeune reine.

« On travaille depuis quelque temps à réparer le mal. Au succès de ces travaux est attaché, en quelque sorte, celui de l'exploitation des mines d'argent d'*Almadea de la Plata*, et surtout de *Guadalcanal*, petite ville qui se trouve au pied de la Sierra-Morena, à quinze à vingt lieues au nord de Séville. Guadalcanal fournissait beaucoup de métal dans le XVIIe siècle; depuis la fin du XVIIIe, les entrepreneurs sont en perte, quoique les filons se présentent toujours de la même manière. »

Le soir venu, M. Germon s'occupa des préparatifs du départ; d'amples provisions furent faites, et il fut décidé que dès le soleil levé on s'éloignerait de la patrie des deux Sénèque, et de l'auteur non moins célèbre de la Pharsale. « Ces trois poëtes ne sont pas les seuls hommes illustres qu'ait produits Cordoue, dit D. Lopez: cette ville a vu naître dans ses murs, sans parler même de ses califes et de ses guerriers, le fameux Averroez *Abou-Valid-Mohammed-Aben-Rochd*, qui fut à la fois philosophe, poëte, jurisconsulte, médecin, juge et ministre; et beaucoup plus tard ce Gonzalez Fernandez, surnommé le Grand Capitaine, que vos romanciers vous ont fait connaître sous le nom de Gonzalve de Cordoue. Il servit Ferdinand avec une fidélité que quelques-uns ont vantée, que d'autres n'hésitent pas à regarder comme criminelle, puisque plus d'une fois elle lui coûta le sacrifice de l'honneur et de la loyauté. Ferdinand, jaloux de l'influence qu'il avait acquise, ou craignant son ambition, l'attira en Espagne et l'emprisonna. »

La plaine qu'on traverse par un fort beau chemin en sortant de Cordoue, et à peu de distance, était jadis couverte de villages; il n'en reste plus de vestiges, et cette superbe campagne de Bujalance s'est convertie en d'incultes déserts. Ce fut vers la fin du XVIIIe siècle que le gouvernement y fonda une colonie comme à la Sierra-Morena; elle est à six lieues de Cordoue, et porte aussi le nom de Carlota. Dans l'espace intermédiaire on a bâti plusieurs villages et un grand nombre de fermes, dont les habitants ne s'occupent que d'agriculture. On y a fait de nombreuses plantations d'arbres et d'oliviers, surtout au delà de la Carlota et du côté d'Ecija, qui se trouve quatre lieues plus loin.

Cette dernière ville, fort connue des Romains, qui lui donnèrent le nom de *Colonia Augusta* Firma, présente dans ses environs et dans son enceinte beaucoup de restes de monuments antiques. Quoique bien déchue de son ancienne prospérité, Ecija renfermait encore vingt mille âmes au commencement du XIXe siècle. On croit que, grâce à l'industrie de ses habitants, ce nombre se porte aujourd'hui à plus de trente mille. Ses prairies et ses pâturages nourrissent de nombreux troupeaux.

Nos voyageurs, en traversant la contrée, éprouvèrent une chaleur étouffante. Gustave et son mentor en parurent surpris, mais D. Lopez leur dit que les Andalous regardent la campagne d'Ecija comme la plus chaude de l'Andalousie, et même de toute l'Espagne. A six lieues d'Ecija, ils trouvèrent la ville de Carmona; ils y entrèrent par une superbe porte de construction romaine et très-bien conservée. Le terroir y est excellent. Il y a des forêts d'oliviers; le pain y est délicieux, et le vin, s'il n'est pas de la meilleure qualité, est du moins très-abondant; malgré ces avantages, Carmona est peu peuplée. De Carmona jusqu'à Séville on marche constamment au milieu des oliviers et des vignes. Des plantations d'aloès bordent le chemin des deux côtés dans presque toute sa longueur.

CHAPITRE XI

Séville. — Mérida. — Badajoz. — Xerez.

La vue de Séville, qui se présente de loin avec l'imposante masse de ses tours et de ses clochers, attira bientôt l'attention de nos voyageurs. *Quien no ha visto à Sevilla,* disent les Espagnols, *no ha visto maravilla.* « Voilà donc, s'écria Gustave avec un enthousiasme de jeune homme, voilà cette ville fameuse à laquelle s'attachent tant d'illustres souvenirs ! Son origine se perd dans la nuit des temps; elle a traversé les révolutions et les siècles ; elle a vu tomber ses fondateurs, elle a vu tomber l'empire romain, elle a vu tomber la puissance des Goths, elle a vu plusieurs générations arabes s'ensevelir dans ses champs, et seule elle existe au milieu de tant de ruines !

— Mais aussi, lui répondit en riant don Lopez, combien n'a-t-elle point perdu de sa splendeur et de sa puissance ! Comme la Thèbes égyptienne, elle avait des armées dans son enceinte, et maintenant elle ne montre plus que des signes de décadence. Lorsqu'en 1246 elle fut prise après un an de siége par Ferdinand III, roi de Castille et de Léon, il en sortit plus de trois cent mille individus, qui gagnèrent la plaine de Grenade. Vers la fin du XVe siècle, après la chute de Grenade elle-même, il en sortit encore un nombre égal. En perdant ainsi six cent mille habitants, elle a dû voir tomber en grande partie ses manufactures et son commerce; et sa population diminuant toujours se trouve réduite au huitième à peu près de ce qu'elle fut autrefois. En y comprenant celle des faubourgs, on croit qu'elle s'élève à quatre-vingt-dix mille âmes. »

Cette ville est située au milieu d'une vaste plaine qui, par sa fertilité naturelle, semble appeler l'industrie et le travail. Elle est entourée de hautes murailles flanquées de tours. Les murailles sont de terre et de ciment mêlés ensemble. Ce mélange en séchant a acquis la dureté et la solidité de la pierre. On en attribue la construction aux Romains. Gustave ne trouva pas que l'intérieur de Séville répondît à l'idée qu'en donnent les écrivains arabes, ou qu'on pourrait en prendre d'après le proverbe espagnol. Les rues lui parurent étroites et mal pavées, les maisons mal construites et sans aucune apparence. Quelques-unes ont des cours intérieures entourées d'arcades ou galeries, que soutiennent des colonnes de pierre. Pendant la saison des chaleurs on habite ces cours, qui sont toutes couvertes de tentes; la façade extérieure est d'ordinaire grossièrement peinte à fresque.

Séville a plusieurs monuments remarquables; la

manufacture des tabacs est le plus vaste édifice de ce genre et le mieux administré qui soit en Europe; il est d'architecture moderne; l'Alcazar, ancien palais des rois musulmans de Séville, restauré depuis trente ans, est bâti en entier de marbres de plusieurs espèces, et orné en dedans de statues, de colonnes et de fontaines. L'eau aboutit par une infinité de tuyaux de conduite à tous les appartements; les jardins renferment une magnifique orangerie en pleine terre. La tour d'Or, construite, dit-on, par Jules César, est très-bien conservée; elle est octogone, mais on n'y voit rien de remarquable; le nom de son fondateur fait son principal mérite. Il n'en est pas de même de la tour de la Giralda, qui passe pour l'une des merveilles de l'Espagne: c'est une espèce de pyramide carrée, haute de deux cent soixante pieds, surmontée d'une statue de bronze qui représente la Foi. On monte au sommet par un escalier en spirale et sans marches, de sorte qu'on peut facilement y arriver à cheval. Cette tour se compose de deux parties. Ce fut l'Arabe Geber qui éleva la première à cent soixante-dix pieds de haut. Elle se terminait par un pavillon surmonté de quatre globes de fer doré. Ce pavillon fut abattu vers le milieu du XVIe siècle, et une seconde tour, haute de quatre-vingt-dix pieds, fut construite sur la première, dont les côtés, à leur base, ont quarante-trois pieds de largeur.

La cathédrale est un bel édifice gothique composé de cinq grandes nefs. L'intérieur en est orné avec beaucoup de magnificence, surtout la chapelle de *Notre-Dame-l'Ancienne.* On y voit les fameuses tables alphonsines; elles sont d'argent doré et enrichies de pierreries. Alphonse X, qui les avait fait dresser, en fit don à cette église. On y conserve aussi une clef d'argent, qu'on dit être la même que les Maures présentèrent au roi Ferdinand quand il se rendit maître de la ville. En sortant de la cathédrale, nos voyageurs allèrent visiter la *Lonja* ou Bourse, où on leur fit voir les archives qui renferment tous les documents relatifs aux découvertes faites par les navigateurs espagnols. L'hôtel de ville, la fonderie de canons, le superbe hôpital dit *des Cinq Plaies* (*de las Cinco-Llagas*), et surtout le superbe aqueduc de quatre cents arches qui conduit à Séville les eaux de Carmona, construit par les Romains et restauré par les Maures, attirèrent aussi leur attention.

Séville possède plusieurs établissements publics, en tête desquels figure l'université; c'est l'une des plus fréquentées de l'Espagne; neuf colléges en dépendent. Il y a encore une école de pharmacie, une école d'agriculture, deux écoles de mathématiques pures et mixtes, une école de navigation très-avantageusement connue, une académie de bonnes lettres, une société économique, une société de médecine, etc. Ce qui surprit Gustave plus que tout le reste, ce fut de voir dans Séville une école de tauromachie, fondée par Ferdinand VII, et dirigée par un maître et un adjudant qui reçoivent de forts gages, pour instruire dix élèves, entretenus aux frais de l'État, dans l'art périlleux d'égorger un taureau en fureur.

Avant de quitter Séville, Gustave témoigna le désir d'aller voir les antiquités de Santiponce, autrefois *Italica*, patrie de Trajan, d'Adrien et de Théodose. Ces antiquités consistent en bains, en aqueducs, en débris d'édifices; on y trouve beaucoup de fragments de statues, beaucoup d'inscriptions. Gustave fit plusieurs fois le tour des restes d'un amphithéâtre; il en reconnut encore la principale entrée, les gradins et les galeries. Le village actuel de Santiponce, bâti en partie sur l'emplacement de la ville romaine, vers la fin du XVIe siècle, s'élève dans une situation charmante, au milieu d'un bois d'orangers. En retournant vers Séville, nos voyageurs entrèrent dans la Chartreuse de Notre-Dame-des-Grottes (*de las Cuevas*). Ils y virent une riche collection d'anciens manuscrits; on leur fit voir un traité sur la chasse composé par le roi Alphonse XI; il est orné d'un grand nombre de miniatures qui représentent les costumes des chasseurs, et tous les instruments dont ils se servaient en ce temps-là, c'est-à-dire au XIIIe siècle. En sortant de la Chartreuse, on traverse le faubourg de Triana, qui s'élève sur la rive droite du fleuve. Ce faubourg, extrêmement peuplé, offre un séjour plus agréable que la ville même, où les étrangers n'ont jamais été fort bien vus, tandis qu'à Triana ils sont à peu près assurés d'obtenir un accueil amical.

Au retour de cette promenade, M. Germon tint conseil avec D. Lopez et Gustave sur une idée qui lui était venue. « Nous voici à Séville, leur dit-il, et nous laissons derrière nous plusieurs villes importantes que jamais peut-être nous n'aurons l'occasion de voir ; je veux parler de Mérida, de Badajoz, de Xerez, de Truxillo. Il m'a semblé que nous pourrions de Séville faire une excursion vers le nord ; cela nous tiendrait huit jours environ : que vous en semble ? » Gustave approuva de tout son cœur la proposition ; D. Lopez fit quelques difficultés, parce qu'il désirait arriver dans peu à Valence, et que ces huit jours passés à s'en éloigner auraient pu au contraire l'en rapprocher. Toutefois il ne résista pas longtemps aux instances de Gustave. Au fond, D. Lopez avait un peu l'humeur vagabonde, et il ne pouvait pas trop se refuser aux agréments d'un voyage fait commodément et sans frais. Il obtint pourtant de ses deux amis que l'excursion n'irait pas au delà de Mérida, s'engageant de son côté à leur faire connaître tout ce qu'il savait lui-même des villes qu'on ne visiterait pas.

La petite caravane se mit en marche au soleil naissant, et arriva le soir au village de Santa-Olalla, après avoir traversé un grand bois de chênes, et au delà de ce bois un terrain planté d'oliviers. Nos voyageurs remarquèrent, aux derniers rayons du jour, quelques restes de fortifications sur une éminence voisine, et ils trouvèrent dans le village une bonne auberge, chose à laquelle ils ne s'attendaient guère, et dans cette auberge des lits passables. Ils en profitèrent, car ils avaient besoin de repos. Leurs mules, qui avaient eu plusieurs jours de répit, pleines de force et de vigueur, avaient fait ce jour-là quinze grandes lieues, et leurs cavaliers commençaient vers le soir à sentir que la journée était longue. Le lendemain, on traversa la Sierra-Morena; et par une autre journée plus forte encore que celle du jour précédent, durant laquelle ils virent tantôt des terrains fertiles arrosés par des eaux abondantes, tantôt de riantes vallées ou des roches arides et nues, tantôt de belles prairies ou des forêts de chênes verts, nos voyageurs arrivèrent au village d'Albuera, situé au centre d'une campagne dépouillée d'arbres et de verdure. Ils y passèrent la nuit.

« Nous laissons à notre gauche, dit D. Lopez, la ville tantôt espagnole, tantôt portugaise, et maintenant de nouveau espagnole, d'Olivenza. C'est une conquête du fameux prince de la Paix, à la fin du dernier siècle (1800). Napoléon, devenu premier consul, exigea du faible Charles IV qu'il déclarât la guerre au Portugal, et lui envoya même une armée auxiliaire. Napoléon voulait fermer le Portugal aux Anglais; mais le régent de Portugal était gendre du roi, et Godoy n'aimait pas les Français. On lui offrit une couronne princière en perspective, et il détermina Charles, qui le nomma son généralissime. Cette campagne ne fut qu'une promenade militaire faite l'arme au bras; elle eut pour résultat la cession d'Olivenza. » Cette ville a dix mille âmes de population, de bonnes fortifications, quelque industrie, et elle fait un commerce assez actif, qui consiste principalement en objets de contrebande, parmi lesquels il ne faut pas omettre le tabac à fumer. Plusieurs habitants d'Albuera vinrent offrir leurs services aux étrangers qu'ils avaient vus arriver. Don Lopez, qui aimait beaucoup à fumer, les accepta pour une petite provision de tabac du Brésil qu'on lui apporta le lendemain dès le point du jour. Quant à Gustave, il se contenta de demander des oranges de Portugal, et on lui en apporta aussi une ample provision.

Le lendemain, à huit heures du matin, nos voyageurs entrèrent à Badajoz, capitale de l'ancienne province d'Estramadure; c'est la *Pax Augusta* des Romains, nom qui, défiguré par les Arabes, a produit son nom moderne. Elle est située sur la Guadiana, qu'on y traverse sur un pont justement regardé comme un des plus beaux de l'Europe. Elle a d'assez bonnes fortifications, et elle domine sur une vaste plaine, à laquelle il ne manque, pour être fertile aujourd'hui comme elle l'était jadis, que les bras et l'industrie des Maures. On y voit un château de construction arabe, mais aucun de ces édifices n'attira l'œil de nos voyageurs. « Quand Philippe II, à tort ou à raison, dit D. Lopez, prétendit au trône de Portugal, Badajoz devint sa place d'armes; à l'avénement de la maison de Bragance, cette ville perdit de son importance, bien que sa situation sur la frontière l'ait toujours fait regarder comme une des clefs du royaume. La plaine qui s'étend au delà du fleuve a souvent servi de théâtre à des luttes sanglantes et opiniâtres entre les chrétiens et les musulmans. »

Après un jour de repos, on partit pour Mérida, où l'on arriva vers midi. Cette ville est située sur une colline baignée par les eaux du fleuve. La plaine que la grande route traverse est vaste, et il est plus que probable qu'elle serait fertile si elle était cultivée. La nature, partout livrée à elle-même, appelle en vain l'industrie; on voit qu'elle ne demande qu'à ouvrir son sein; mais la paresse, l'indolence, l'incurie des habitants, ne répondent pas à sa voix, qui se perd au milieu des campagnes désertes. La caravane entra dans Mérida par un superbe pont sur la Guadiana. C'est l'un des plus beaux qu'il y ait en Europe, et il est si parfaitement conservé, qu'on a quelque peine à croire qu'il existe depuis près de vingt siècles. Cette entrée disposa favorablement l'esprit de Gustave; mais à peine se vit-il dans l'enceinte de la ville, au milieu de maisons basses, noires, mal construites, que toutes ses espérances trompées se changèrent en un sentiment d'ennui, de fatigue et de découragement. Il était tenté de s'écrier: « O Mérida! que sont devenus tes grandeurs passées et les peuples divers que tes murs renfermaient? Et ces trois mille tours qui défendaient tes remparts, comment ont-elles disparu? Ces monuments dont les Romains t'avaient décorée, quelle main ennemie les a renversés ? J'aperçois debout encore quelques ruines, elles m'apparaissent comme des ossements épars sur un champ de bataille. »

D. Lopez et M. Germon remarquèrent le désappointement de Gustave à l'expression soucieuse qui renfermait soudain sa physionomie. « Voyez, dit le premier en rompant le silence, ce que produit le temps; cette ville fameuse, la plus florissante de toutes les colonies romaines; cette ville que nulle autre n'égalait en Espagne, ni Séville, ni Cordoue, ni Tarragone; cette ville, qui au VIIe siècle élevait encore par centaines les dômes dorés de ses édifices au-dessus de ses remparts, qui contenait douze cent mille habitants, devant laquelle le célèbre Moussaben-Nosseir, le premier conquérant de l'Espagne chrétienne, s'écriait tout émerveillé : « O heureuse la mère de qui le fils pourra se rendre « maître de cette ville ! » Mérida n'est plus qu'une ombre décolorée de ce qu'elle fut autrefois. Pour monuments elle n'a que des ruines; ses habitants sont à peine au nombre de six mille; tout le reste de sa population est dans les tombeaux. »

Cette ville, qui devint colonie romaine sous Auguste, prit les plus rapides accroissements par les soins de ses nouveaux maîtres, et sous le nom d'*Emerita Augusta* elle devint la capitale de la Lusitanie. Les historiens lui donnent à cette époque une circonférence de plusieurs lieues, et les relations arabes enchérissent encore là-dessus. Elle avait passé avec l'Espagne entière sous la domination des

Goths ; à la domination des Goths succéda celle des Arabes ; en 1230, elle rentra au pouvoir des rois de Castille ; et maintenant, sans les nombreux vestiges de ses monuments antiques, unique et misérable reste de tant de magnificence, on chercherait en vain l'emplacement de la superbe Emerita. Mais on trouve partout des débris d'antiquités ; on ne saurait faire un pas dans la ville, ni dans ses environs, sans qu'un fragment de statue, un tronçon de colonne ou de bas-relief rappellent des souvenirs glorieux.

Parmi les ruines que nos voyageurs allèrent visiter, ils admirèrent celles des trois aqueducs qui portaient à la ville les eaux de la Guadiana, et par des conduits nombreux les distribuaient ensuite aux places publiques et aux maisons des particuliers. Ils virent aussi les restes du cirque et du théâtre, édifices immenses, tels qu'ils convenaient à une grande population, et ceux d'un grand réservoir d'environ vingt toises de côté, formé par d'épaisses murailles, hautes de plus de cinquante pieds, ce qui donnait à l'eau du bassin une profondeur d'à peu près huit toises. On pouvait descendre au fond par un bel escalier. Don Lopez prétendit que c'était là une naumachie où les Romains se donnaient le spectacle d'un combat naval simulé. Il y a aujourd'hui une lieue de ce bassin à la ville. A une distance double, c'est-à-dire à deux lieues, il y a un autre bassin semblable au premier, un peu plus petit, mais mieux conservé ; on assure que l'un et l'autre étaient jadis dans l'enceinte de la ville. En revenant à Mérida, nos voyageurs virent l'arc de triomphe de Trajan ; on l'attribue à ce prince, et il est très-bien conservé.

Les habitants de Mérida sont froids et taciturnes, paresseux, ignorants, pauvres et satisfaits de leur sort. On dirait qu'ils craignent l'approche des étrangers ; ils ne veulent pas connaître par eux les choses qui leur manquent, afin de ne pas éprouver ensuite des privations. Le peuple y est misérable ; les riches eux-mêmes vivent dans l'isolement. Quoique le sol y soit excellent et qu'il se couvre de moissons pour peu qu'on le cultive, l'agriculture est entièrement négligée. La seule ressource du pays est dans les pâturages. Cette incurie répréhensible n'est pas seulement particulière aux habitants de Mérida, c'est le vice commun de tous ceux de l'Estramadure. « Si vous parcouriez cette vaste province, dit D. Lopez, vous trouveriez partout des terres incultes, ce que nous appelons *despoblados*, de véritables déserts. L'une des causes permanentes de cet état d'inertie, c'est l'établissement de la *mesta*. On appelait ainsi avant la révolution l'association des grands propriétaires de troupeaux, laquelle, parmi ses priviléges, comptait celui d'enlever à l'agriculture un tiers des terres de l'Espagne pour les laisser en nature de pâturages ; abus qui pesait principalement sur l'Estramadure, où tous les troupeaux de la Castille arrivent pendant l'été, de sorte que les propriétaires des terres, pouvant tirer de celles qui leur appartiennent un revenu annuel sans prendre aucune peine, ne sont nullement disposés à les cultiver.

« Au-dessus de Mérida, vers le nord-ouest, continua D. Lopez, on trouve la ville de Caceres, peuplée d'environ dix mille âmes, et siége du tribunal supérieur de l'Estramadure. C'est une ville ancienne, de peu d'étendue et privée de beaux édifices. Au delà de Caceres, dans la même direction, s'élève la petite ville d'Alcantara, qui n'a que trois mille âmes de population; on y traverse le fleuve sur un pont magnifique qui fut construit sous le règne de Trajan, comme le prouvent des inscriptions qu'on y lit encore. Il a six cent soixante-dix pieds de long, vingt-huit de large, et s'élève à deux cent sept pieds au-dessus de l'eau, hauteur prise sous deux arches du milieu. Les autres, un peu moins élevées, sont au nombre de quatre. On y voyait jadis quatre tables de marbre sur lesquelles étaient inscrits les noms de tous les peuples ou de toutes les villes qui avaient contribué aux frais de construction. On voit à l'entrée du pont un petit temple creusé dans la roche vive, deux larges blocs de pierre en forment le toit. Une inscription, gravée sur les parois de la roche, fait connaître le nom de l'architecte, qui s'appelait *Lacer*, mais ne dit pas autre chose. Cette ville devint dans le XVIe siècle le chef-lieu de l'ordre de Calatrava, et elle donna son nom aux chevaliers d'Alcantara. En tournant vers le nord-est, on peut se rendre à Placencia, petite ville d'environ sept mille âmes, assez bien bâtie et remarquable par plusieurs antiquités romaines, et son bel aqueduc porté sur quatre-vingts arcades. Placencia est une ville épiscopale.

« Pour revenir de Placencia à Mérida on descend vers le sud-est pour aller prendre le pont d'Almaraz, sur lequel on repasse le Tage. On arrive d'abord à un village qui renferme huit à neuf cents habitants. Il est situé au milieu d'une campagne abondante en pâturages, mais tout à fait dénuée d'arbres. C'est à une demi-lieue du village que le pont se trouve. Ce pont, qui n'a guère plus de trois cents ans, pourrait passer aisément, à ne considérer que sa solidité, pour un ouvrage des Romains. Il a près de cent toises de long, et n'est percé que de deux arches, supportées par une énorme pile construite sur un rocher qui semble sortir exprès du milieu du courant. Les deux arches portent sur les berges du rivage, qui, des deux côtés, ne consistent qu'en roches taillées à pic, entre lesquelles le fleuve coule assez resserré. La plus grande des deux arches a cent cinquante pieds d'ouverture.

« Almaraz est sur l'une des deux grandes routes qui vont de Madrid à Cadix, l'une par la Carlota, Cordoue et Séville, celle que nous avons prise; l'autre par Talavera, Trujillo, Mérida et Badajoz. Talavera de la Reyna appartient à la province de Tolède. Quand on y arrive du côté de Madrid, on traverse un bois d'oliviers dont la largeur est au moins d'une lieue; en sortant de ce bois on découvre Talavera dans toute son étendue. Située au milieu d'une plaine que le Tage arrose, et entourée de belles promenades, cette ville offre un aspect ravissant. Les voyageurs ne manquent pas d'aller visiter les ruines de quelques édifices où l'on trouve des pierres couvertes d'inscriptions, surtout les restes des remparts en pierres de taille dont les Romains avaient entouré toute la ville, et des tours carrées qui flanquaient les remparts. J'en ai vu une que le temps a respectée; elle est presque entière. Les faubourgs de Talavera sont très-agréables, on y voit de belles maisons. Un manufacturier français avait établi à Talavera une manufacture très-importante de soieries, et les produits qui en sortaient ont longtemps rivalisé avec ceux de l'étranger. La jalousie de quelques rivaux et une sorte de fatalité attachée à toutes les entreprises utiles à l'Espagne, ont fait depuis longtemps tomber cette manufacture. Depuis la guerre de l'indépendance, on a fait d'assez heureux efforts pour relever cette branche d'industrie.

« Si d'Almaraz nous redescendons vers Mérida, nous trouverons d'abord de misérables villages, nous traverserons ensuite le *Puerto de Mirabete*, lieu autrefois redouté des voyageurs, moins dangereux aujourd'hui parce qu'on y a construit plusieurs maisons et réparé la route en plusieurs endroits, et nous arriverons après deux heures de marche à la ville de Trujillo, située en partie sur le sommet d'une haute colline et en partie sur le penchant de la montagne, d'où elle s'étend jusqu'à la vallée. Trujillo, dont l'origine est inconnue, existait du temps des Romains, qui l'appelèrent, suivant les uns, *Tullis Julia*, et suivant les autres, *Castra Julia*. On n'y compte aujourd'hui que trois à quatre mille habitants ; mais il est aisé de juger, par l'étendue de son ancienne enceinte, qu'elle a dû avoir autrefois une population beaucoup plus nombreuse. On la divise en trois parties : le château, la cité et la ville. Cette dernière est la mieux bâtie ; cette ville fut la patrie de ce *Diego Garcia de Paredez* qui, aux temps chevaleresques de l'Espagne, se rendit fameux par mille exploits contre les Maures ; elle vit aussi naître le conquérant du Pérou, François Pizarre, qui réunit à la valeur d'un soldat les talents d'un grand capitaine. De Trujillo à Mérida, c'est-à-dire sur un espace d'environ quinze lieues, on ne traverse que des montagnes (1), et l'on ne rencontre sur la route que de mauvaises hôtelleries et deux ou trois misérables hameaux.

« On laisse à sa gauche, au fond d'une vallée toute couverte d'orangers, de figuiers et de citronniers, la petite ville de Guadelupe, peuplée de trois mille âmes. C'est l'ancienne *Aquæ Lupiæ* des Romains. Au milieu de la ville est un monastère, dont les pèlerins visitent avec dévotion l'église dédiée à Notre-Dame. Ce monastère fut richement doté par Jean Ier, roi de Castille, qui en fit don à des religieux hiéronymites ; et ceux-ci, par des défrichements successifs, devinrent si riches, que leur opulence

(1) C'est la chaîne qu'on distingue par le nom de montagnes de Tolède.

était passée en proverbe. L'édifice est de forme carrée et ceint de hautes murailles, que flanquent d'espace en espace de grosses tours carrées. Outre le cloître et les jardins, cette enceinte renferme un hospice pour les étrangers, un hospice pour les femmes et deux colléges. La grande chapelle du maître-autel était autrefois éclairée par cent grosses lampes d'argent; les murailles de l'église sont ornées de belles peintures à fresque. La Vierge qui est sur l'autel est d'un bois noirâtre; on voit autour d'elle plusieurs figures d'anges de bois argenté, elles sont suspendues à la voûte. La situation de ce monastère au milieu des montagnes, non loin des grandes routes, l'a un peu garanti des spoliations et des dévastations.

« Non loin de là, et sur la route de Tolède, sont cinq blocs énormes de pierre, grossièrement façonnés en taureaux. On les distinguait très-bien encore il y a un siècle et demi; il n'est guère possible aujourd'hui d'en reconnaître plus de deux; les trois autres sont extrêmement dégradés. On parle beaucoup en Espagne des taureaux *de Guisando,* mais peu de personnes savent où ils sont situés et en quoi ils consistent; plusieurs inscriptions, qu'on peut lire encore, les désignent comme des monuments élevés par les Romains en l'honneur de leurs généraux et de leurs armées. L'une de ces inscriptions mentionne la victoire de Jules César sur les enfants de Pompée, *Cneius* et *Sextus*. Il me semble, ajouta D. Lopez, que ces inscriptions n'ont pu être mises qu'après coup. Les Romains élevaient des arcs de triomphe à la gloire de leurs guerriers; jamais ils n'imaginèrent d'aussi informes sculptures pour un tel sujet. Ce que je crois, c'est que l'existence de ces monuments et d'autres pareils, qu'on trouve en divers lieux de l'Espagne, est due aux Celtibères, dont la religion se composait d'un mélange de celle des Celtes et de celle des Phéniciens et des Égyptiens, et qui avaient coutume de représenter la lune sous la forme d'une vache. »

CHAPITRE XII

Cadix. — Algésiras. — Gibraltar. — Antequera. — Malaga.

De retour à Séville, nos voyageurs prirent un jour de repos, et se remirent aussitôt après en route, se dirigeant vers Cadix, où ils arrivèrent en deux jours. Ils avaient vu, en passant, Utrera, ville de onze mille âmes, connue par ses salines et par sa chapelle de Notre-Dame-de-Consolation, fréquentée par les pèlerins, et *Xerez de la Frontera*, ville commerçante, peuplée de plus de trente mille âmes, renommée par sa belle chartreuse, dont ils admirèrent l'église et le couvent, par son ancien château de construction arabo-espagnole, et par ses grandes caves, où se conservent sans altération ses excellents vins si justement recherchés, rivaux souvent préférés des vins de Rota. Rota est une petite ville située sur le bord de la mer, en face de Cadix, à l'entrée de la baie du côté du nord.

« Plus haut, sur la même côte, à l'embouchure du Guadalquivir, sur la rive gauche, dit D. Lopez, on voit San-Lucar-de-Barrameda, peuplée de quinze à dix-huit mille âmes, et assez industrieuse. Il y a des filatures de coton mécaniques, des fabriques de liqueur, d'abondantes pêcheries. Il ne faut pas confondre cette ville avec une autre de même nom, de San-Lucar, à quatre lieues de Séville, beaucoup moins importante, quoiqu'on l'appelle San-Lucar-la-Mayor. A quelques lieues au delà de San-Lucar, est la ville de Huelva, peuplée de huit mille âmes, à l'embouchure de Rio-Tinto, importante par son port et par ses pêcheries, qui alimentent Séville. Huelva est sur la rive droite; sur la rive gauche et presque en face s'élève Moguer, dont la population est de sept mille habitants. Moguer fait le commerce des vins que son territoire produit en abondance. »

On arrive de nuit à Port-Sainte-Marie. C'est une jolie ville située à l'embouchure du Guadalète, en face de Cadix; elle a des tanneries, des fabriques de chapeaux et de savon, et dix-huit mille habitants. Elle pourvoit d'eau douce Cadix, qui en manque. Le lendemain de bonne heure, nos voyageurs montèrent à cheval dans l'intention d'arriver dès le matin à Cadix (que les Espagnols écrivent et prononcent *Cadiz*), mais il n'en fut pas ainsi; ils trouvèrent sur leur route tant d'objets de distraction, qu'ils n'entrèrent à Cadix que le soir. Ils s'arrêtèrent d'abord à Puerto-Real, jolie petite ville de cinq mill âmes, située vers le milieu de la baie, à une lieue environ de Port-Sainte-Marie. La nature y a formé un port superbe, et l'art y a ménagé un bassin de carénage et de construction pour des vaisseaux de guerre de soixante canons. Ses pêcheries sont trèsproductives; mais ce qui a donné à cette ville une importance réelle, ce sont ses vastes salines, qu'on met au nombre des plus considérables de l'Europe.

« Ce fut à trois lieues de Puerto-Real, vers l'orient, sur les bords du Rio-Guadalète, dont nous avons traversé les deux branches, dit D. Lopez, l'une en sortant de Port-Sainte-Marie, l'autre avant d'entrer à Puerto-Real, que se décidèrent les destinées de l'Espagne, du 19 au 23 juillet 711, lorsque l'Arabe Tarick, lieutenant de Moussa, livra au roi Rodrigue la sanglante bataille où celui-ci perdit la vie.

— Puisque nous parlons de ce fait, dit Gustave, que faut-il penser, je vous prie, de cette prétendue fille du comte Julien, que les romanciers appellent Florinde ou *la Caba*, insultée par le roi Rodrigue et vengée par son père aux dépens de sa patrie?

— C'est là, répondit D. Lopez, une fable mal ourdie, qu'on ne prend plus aujourd'hui la peine de réfuter. On lit dans la chronique dite d'Alphonse le Grand (Alphonse III), généralement attribuée à Sébastien de Salamanque, et écrite dans le IXe siècle, le passage suivant: « Les fils de Witiza, poussés par l'envie, parce que Rodrigue possédait le trône de leur père, envoyèrent cauteleusement des messagers en Afrique pour demander le secours des Sarrasins, et ils les introduisirent en Espagne sur leurs vaisseaux.» Cette chronique n'est pas suspecte; elle assigne à la défection des fils de Witiza sa véritable cause. On ne peut nier pourtant que le comte Julien et l'archevêque Oppas, proches parents l'un et l'autre de Witiza, n'aient aplani aux Arabes les routes de leur pays, que même ils n'aient déserté les rangs de Rodrigue pour passer dans ceux des musulmans; mais, abstraction faite des invitations des mécontents, il est plus que probable que les Arabes auraient tenté de conquérir l'Espagne, comme quarante ans plus tard ils tentèrent de conquérir les Gaules, quoiqu'ils n'eussent été appelés ni par les Francs ni par les Gaulois. Quoi qu'il en soit, les ennemis de Rodrigue avaient cherché dans les Arabes des auxiliaires qui les aidassent à renverser l'usurpateur; ils trouvèrent en eux des maîtres.

« Il ne faut pas croire non plus, continua D. Lopez, que les Goths n'opposèrent aucune résistance, car la bataille dura trois jours entiers; il paraissait même que la victoire allait se décider en faveur des Goths, lorsque les deux fils de Witiza passèrent du côté des Arabes. Pour ce qui est de Rodrigue ou Rodéric, on a fait sur son compte cent versions différentes. Les Arabes prétendent que Tarick et lui, s'étant rencontrés, s'attaquèrent avec fureur; que, plus adroit ou plus heureux, Tarick terrassa son adversaire et lui coupa la tête, qu'il envoya immédiatement à l'émir, qui à son tour la fit passer au calife. Les chroniques espagnoles disent, au contraire, que Rodrigue se sauva par la fuite, et qu'il resta caché sous des habits de paysan dans une retraite obscure. On lit dans quelques-unes qu'il se noya dans le Guadalète en essayant de le traverser. Ce qui est certain, c'est que Rodrigue ne reparut point, et que son corps ne fut pas trouvé sur le champ de bataille. »

Tout en s'entretenant ainsi, nos voyageurs s'avançaient vers le pont de *Guazo*, qui joint l'île de Léon au continent. Il n'était encore que onze heures. D. Lopez proposa à ses deux compagnons de voyage de se rendre à Chiclana. La proposition fut acceptée, et au bout de trois quarts d'heure ils mirent pied à terre à la porte d'une très-belle auberge, où ils commandèrent un déjeuner qui pût les conduire jusqu'au soir. En attendant qu'il fût prêt, ils se promenèrent autour de la ville, dont ils admirèrent la position riante. C'est une petite ville peuplée de six à sept mille individus, et tout environnée de belles maisons de plaisance, qui semblaient disputer entre elles d'ornements, de richesse, de commodité, d'élégance et d'agrément. Ils rentrèrent dans la ville munis d'appétit; et, après l'avoir amplement satisfait, ils se rendirent à *Santi Petri*, pour voir les restes du temple de l'Hercule égyptien.

Santi Petri est le nom d'un îlot voisin du rivage, sur lequel on a établi depuis quelque temps une forteresse. A la place de cette forteresse était autrefois un temple dont on aperçoit encore les débris dans la mer, qui en cet endroit n'est pas très-profonde. Quelques-uns soutiennent, et leur opinion est celle de tous les hommes du pays, que ce temple existait sur le continent, vis-à-vis de l'îlot. Leur sentiment s'appuie sur les restes très-reconnaissables d'une voie romaine qui conduisait de la ville au temple; sur les ruines d'un aqueduc destiné à porter au temple l'eau nécessaire, et des citernes où on la conservait; et sur les vestiges d'un vaste amphithéâtre qui fut détruit il y a plusieurs siècles. D. Lopez fit remarquer en effet à ses deux amis quelques débris qui, d'après les gens du pays, sont ceux du temple. Toutefois l'opinion contraire, qui place la forteresse sur l'ancien emplacement du temple, paraît la mieux fondée; seulement on suppose qu'une chaussée ou un pont unissait l'îlot au continent.

Ce temple s'élevait, dit-on, sur le lieu même où le héros reçut les honneurs de la sépulture. On voyait dans l'intérieur deux piliers de bronze ou d'airain, hauts d'environ huit coudées. Une inscription qu'on y lisait, en caractères phéniciens, marquait le montant des sommes employées pour la construction de l'édifice. On suppose que ces piliers étaient les fameuses colonnes d'Hercule. Ce temple était si riche, que, pendant la seconde guerre punique, le général carthaginois Magon en tira des monceaux d'or et d'argent. Longtemps après, Jules César, vainqueur des fils de Pompée, en tira des trésors considérables.

Quand le voyageur allemand Grüter visita ces lieux, il trouva parmi les ruines une inscription funéraire qu'il copia pour sa singularité. Elle m'a paru en effet si bizarre, que je l'ai toujours retenue.

D. M. S.

SI LUBET, LEGITO

HELIODORUS INSANUS CARTHAGINIENSIS AD EXTREMUM ORBIS SARCOPHAGO TESTAMENTO ME HOC JUSSI CONDIER UT VIDEREM SI NE QUISQUAM INSANIOR AD ME VISENDUM USQUE AD HÆC LOCA PENETRARET (1).

De retour à Chiclana, nos voyageurs, satisfaits de leur excursion, remontèrent joyeusement sur leurs mules et prirent la route de l'île de Léon. Ils admirèrent, en passant sur le pont de Guazo, les ouvrages qui rendent ce poste presque imprenable, ouvrages qui se lient à tout le système des fortifications de Cadix. En entrant dans la ville qu'on désigne sous le nom d'Ile de Léon ou de San-Fernando, ils furent ravis du coup d'œil agréable qu'elle présente. Il n'y a pas d'édifices qui attirent particulièrement l'attention, mais l'ensemble de ses maisons, de ses rues alignées, de ses places publiques, a quelque chose qui plaît et qui attache. Toutefois cette ville, où l'on compte environ dix-huit mille habitants, possède un bel observatoire pourvu d'instruments

(1) Aux dieux mânes. — Lisez, s'il vous en prend envie. — Moi, Héliodore de Carthage, pas très-sain d'esprit, ai ordonné par mon testament qu'on m'ensevelit à l'extrémité de la terre (les colonnes d'Hercule : *non plus ultra*), dans ce monument, afin de savoir s'il se trouverait un plus fou que moi, capable de se rendre jusqu'en ces lieux pour le plaisir de me voir.

excellents, une école célèbre de marine, et plusieurs autres établissements publics.

Au delà de San-Fernando, l'île se rétrécit au point de ne former qu'une langue de terre fort étroite, longue d'environ une lieue, terminée par une butte de sable et de pierres. Sur cette butte s'élève Cadix. Avant d'y arriver on trouve Puntalès, dont les fortifications sont comprises dans le rayon de celles de Cadix. Nos voyageurs virent, en passant, le beau bassin où l'on construit des bâtiments pour la marine marchande.

Cadix est à peu près comme San-Fernando, une ville d'un bel ensemble, quoique les détails n'aient rien de saillant. L'isthme, qui joint la butte circulaire de Cadix à l'île de Léon, forme, avec Rota, le Port-Sainte-Marie et Puerto-Real, une rade immense où les flottes les plus nombreuses pourraient trouver un abri sûr et commode. Nos voyageurs allèrent visiter la Bourse, la Douane, l'arsenal, le théâtre et le cirque destiné aux combats de taureaux. Ces édifices offrent quelque intérêt, moins il est vrai par leurs formes extérieures que par leur destination. Ce qui frappa le plus Gustave, ce fut la forte digue qui s'avance dans la mer au nord-ouest, et qui protége la ville contre l'Océan. « Cette digue, dit D. Lopez, a été construite depuis le fameux tremblement de terre de Lisbonne en 1755. Une vague haute comme une montagne venait directement sur la ville. Les habitants, qui, du haut des remparts, examinaient la mer, crièrent miséricorde ;

ils crurent toucher à leur dernier moment. Heureusement cette vague s'écroula sous son propre poids avant d'arriver à la ville ; les eaux n'en montèrent pas moins jusqu'à la hauteur du cordon. Quelques pieds de plus, et un déluge d'eau tombait dans Cadix.

« Cette digue, au reste, était nécessaire sous un autre rapport : il s'agissait de prévenir l'effet des infiltrations de l'Océan. Il n'y a pas bien longtemps encore que des éboulements considérables ont eu lieu au Champ-des-Capucins, *Campo Capucino ;* c'étaient des gouffres qui s'ouvraient sur cette place publique ; il paraît que les eaux pénétraient par des infiltrations sous la ville même, et qu'entraînant les terres dans leurs cours souterrains, elles formaient des vides qui causaient ensuite les éboulements ; ces accidents ne se montrent plus depuis la construction de la digue. Cadix est une ville très-ancienne, fondée par les Phéniciens six à sept cents ans avant Jésus-Christ. Sous les Carthaginois, sous les Romains, sous les Goths, sous les Arabes, cette ville eut peu d'importance, parce que tous ces peuples furent guerriers plus que commerçants. La découverte de l'Amérique fut pour elle une cause chaque jour croissante de prospérité, parce qu'on lui donna le monopole exclusif du commerce avec les colonies nouvelles, et que son port devint l'entrepôt de toutes les richesses du nouveau monde. L'émancipation de ces colonies par la révolution lui a d'abord porté une atteinte funeste ; mais le décret qui a proclamé la franchise de son port lui a ouvert une autre carrière. La place voisine et jalouse de Gibraltar lui avait ravi tous ses anciens avantages, et les Anglais inondaient l'Espagne de denrées coloniales par les larges voies de la contrebande. Cadix, devenu port franc, reprendra probablement un jour son ancienne importance, et ce jour, peut-être, n'est pas éloigné.

« Quoique Cadix soit une ville essentiellement commerçante, elle n'est pas néanmoins restée étrangère aux mouvements de progrès qui se sont fait sentir en Espagne depuis un demi-siècle. Aussi trouve-t-on à Cadix des écoles de mathématiques, de beaux-arts, de chirurgie et de médecine, un collége de Jésuites, un séminaire, un jardin botanique et plusieurs autres établissements littéraires et scientifiques. Cette ville renfermait dans son enceinte, vers la fin du XVIIIe siècle, une population de quatre-vingt mille âmes. La fièvre jaune, qui, à trois différentes reprises, y a exercé de violents ravages, la cessation de commerce avec l'Amérique, les guerres civiles, les siéges, les émigrations, l'ont sensiblement diminuée; elle est aujourd'hui réduite à cinquante-deux ou cinquante-trois mille âmes. »

Au milieu du port de Cadix s'élève un îlot sur lequel on a construit une petite ville d'environ deux mille habitants. On lui a donné le nom de la Caracca. Nos voyageurs allèrent visiter les magnifiques chantiers qu'on y a construits et qui sont devenus les plus importants de l'Espagne. Ils y contemplèrent, avec un sentiment d'admiration d'autant plus vif qu'ils s'attendaient moins à trouver en Espagne des ouvrages capables de le produire; ils y contemplèrent de grands bassins de marbre blanc où les plus grands vaisseaux peuvent, en un seul jour, entrer, être mis à sec complétement, radoubés et remis à flot. Des pompes à feu d'une force prodigieuse vident ces bassins en quelques minutes; et quelques minutes suffisent ensuite pour les remplir de nouveau.

En s'éloignant de Cadix pour continuer leur voyage, les trois amis revirent, en passant, Chiclana, qui déjà commençait à peupler ses maisons de campagne aux dépens de Cadix pour tout le temps de la belle saison; et ils gagnèrent Médina-Sidonia, ville de neuf mille âmes, où les fouilles font souvent découvrir des restes d'antiquités, et où l'on fabrique de bonne poterie. A l'auberge où ils s'arrêtèrent pour dîner, on leur montra plusieurs fragments d'antiques trouvés récemment. Ils paraissaient appartenir à des temps antérieurs à l'occupation romaine. Telle était du moins l'opinion du possesseur de ces fragments, qui, malgré sa profession d'aubergiste, prétendait au titre de savant antiquaire. Il fit voir à ses hôtes au fond de son jardin un torse de grandeur plus que naturelle, et il leur fit à ce sujet l'histoire ou le conte suivant:

« Avant le pillage de Cadix par les Anglais, en 1596, il y avait dans cette ville beaucoup d'antiques; parmi ces précieux restes, on distinguait un torse que beaucoup d'écrivains espagnols ont prouvé, par de bonnes raisons, appartenir à la statue d'Alexandre le Grand, cette même statue devant laquelle Jules César versa de généreuses larmes, en songeant qu'il n'avait encore rien fait pour sa gloire à un âge ou le héros macédonien avait déjà soumis tant de peuples. Cette statue, ou plutôt ce tronçon de statue, demeura perdu pendant plus d'un siècle; on le retrouva en creusant des fondements pour quelque édifice ; il fut reconnu par les antiquaires de l'époque, et il eut successivement plusieurs maîtres. Mon grand-père finit par l'acheter, mon père l'a conservé; j'ai fait plus : par respect pour l'antiquité, je l'ai fait poser sous l'espèce de dôme qui l'abrite, et j'espère bien que mon fils, qui montre encore plus que moi la passion des antiques, transmettra celui-ci à ses enfants. »

De Médina-Sidonia, nos trois voyageurs se dirigèrent du côté du sud, et ils arrivèrent le soir à Vejer-de-la-Frontera, petite ville située sur des collines voisines de la mer, d'où elle domine sur le cap si tristement fameux de Trafalgar. « Je suis heureux, dit Gustave, de n'être arrivé ici qu'au moment où la nuit commençait à envelopper de ses ombres des lieux dont l'aspect, j'en suis sûr, me ferait mal. » M. Germon se mit à sourire, et lui promit de le faire partir le lendemain avant le jour, pour ménager sa sensibilité. Il tint parole, et les premières lueurs de l'aurore trouvèrent nos voyageurs à cheval, s'acheminant vers Algéziras.

Ils laissèrent à leur droite la petite ville de Tarifa,

dont ils aperçurent de loin les clochers, et qui n'est remarquable que par sa position sur le promontoire le plus méridional de la Péninsule, à l'entrée du fameux détroit de Gibraltar; et ils arrivèrent peu de temps après en vue d'Algéziras. Ils s'arrêtèrent quelque temps sur la hauteur; les regards s'étendaient à la fois sur la mer et sur la ville, sur une petite île qui est en face, et sur le roc de Gibraltar.

« Ce fut sur le lieu où s'élève maintenant Algéziras, dit D. Lopez, que débarqua Tarick-ben-Zeyad, le 28 avril 711 (92 de l'hégire). Il prit terre au pied de cette montagne, le Calpé des anciens, en face de cette île qui se trouvait alors toute couverte de verdure, et qu'on appelle pour cela Gézirath (l'île verte); ce nom se retrouve tout entier dans celui qui a été donné à la ville. Tarick se retrancha aussitôt sur le promontoire qui était vis-à-vis de son camp, et le promontoire fut appelée Gebal-Tarick, montagne de Tarick. De Gebal-Tarick s'est formé le nom de Gibraltar. Pour ce qui est d'Algéziras, cette ville fut reprise sur le roi de Grenade, par Alphonse XI, en 1343. Quoique cette ville fût peu importante par elle-même, elle l'était infiniment pour les rois de Castille, depuis qu'ils eurent conquis Cordoue et Séville. C'était par Algéziras que les Almoravides et plus tard les Almohades avaient fait entrer leurs soldats en Espagne. C'était par la même voie que les rois de Grenade recevaient constamment des secours d'hommes et de munitions. Les rois de Castille avaient donc le plus grand intérêt à s'emparer de cette place; les musulmans, de leur côté, en avaient à la défendre. Aussi employèrent-ils tous les moyens pour repousser leurs ennemis. On prétend qu'ils firent usage d'artillerie, du moins cela semble-t-il résulter des vieilles chroniques, suivant lesquelles les Sarrasins avaient des machines *qui lançaient des projectiles avec un grand bruit, au milieu des éclairs.* »

Il n'était alors que deux heures de l'après-midi. D. Lopez fit à ses amis la proposition d'aller voir les excavations de la montagne au pied de laquelle la ville est bâtie. On n'arrive à l'entrée de la grotte que par un escalier d'environ cent degrés taillés dans le roc. La descente de la caverne est très-rapide; elle se termine à une grande salle de laquelle partent, en divergeant, plusieurs galeries qui s'étendent fort loin sous la montagne. Les parois du rocher sont toutes couvertes de concrétions très-brillantes, et le moindre bruit qui se fait sous ces voûtes solitaires retentit pendant très-longtemps.

« Vers la moitié de la hauteur de la roche presque perpendiculaire que vous voyez en face, et au pied de laquelle se trouve Gibraltar, dit D. Lopez, on voit une ouverture assez étroite et d'un très-difficile accès. C'est l'entrée d'une vaste caverne remplie, comme celle d'Algéziras, de pétrifications des formes les plus variées. La voûte, qui s'élève à mesure qu'on avance dans l'intérieur, paraît supportée par d'énormes piliers qu'on dirait sculptés de mille manières. Les murs de la voûte offrent des pétrifications qui ressemblent à des représentations d'animaux. A l'extrémité de cette caverne, il y a plusieurs ouvertures qui conduisent à d'autres grottes, d'où l'on prétend que plusieurs curieux ne sont point revenus. Du côté de la pointe d'Europe, il existe un grand réservoir plein d'eau dont la voûte ou couverture est soutenue par quatre rangs de piliers. On croit que du temps des Maures ce lieu servait de bain public. »

Ce ne fut pas sans éprouver bien des difficultés que nos voyageurs se firent admettre dans Gibraltar, grâce à la recommandation qu'ils avaient obtenue du commandant de Cadix, qui les adressait au commandant du camp de Saint-Roch. On appelle ainsi une ligne de fortifications qui ferme l'entrée de la presqu'île sur laquelle Gibraltar est bâtie, et qui l'isole entièrement du continent. La ville s'élève sur le bord de la mer, au pied de la montagne, dont la hauteur du côté de terre n'est pas de moins de douze à quatorze cents pieds. Tout l'intérieur est percé d'excavations et de galeries qui conduisent aux batteries dont le flanc du rocher est hérissé. Ces galeries, qu'on peut parcourir à cheval, sont assez vastes pour pouvoir contenir toute la garnison en cas de siége. Du côté de la mer, la ville est entourée de fortes murailles flanquées de bastions et défendues en outre par les batteries qui couronnent le rocher. On peut regarder Gibraltar comme une des plus fortes places qu'il y ait au monde.

Nos voyageurs trouvèrent la ville assez jolie ; ils parcoururent la grand'rue qui est fort longue, ornée de trottoirs et garnie de boutiques d'un bout à l'autre;

ils virent le palais du gouverneur, dont le jardin sert de promenade publique aux quinze mille habitants de la ville; ils s'arrêtèrent devant le magnifique hôtel en marbre blanc qu'un riche marchand juif a fait bâtir depuis peu d'années; et ce qui surtout les étonna et en même temps les ravit, ce fut de voir cette roche aride, qui semblait condamnée par la nature à la stérilité, toute couverte d'arbres, de fleurs et de prairies; une route assez belle conduit de la ville aux plus hauts sommets du rocher. Depuis la révolution qui a privé l'Espagne de ses colonies, Gibraltar, déclaré port franc, était devenu, malgré les inconvénients de son port, qui n'est qu'une rade peu sûre, un des lieux les plus commerçants de l'Europe, favorisé qu'il était par sa situation pour le commerce de contrebande. La déclaration de franchise du port de Cadix a déjà porté à ce commerce une fâcheuse atteinte; il y a même lieu d'espérer que la contrebande cessera, parce que la franchise du port de Cadix faisant circuler en Espagne les denrées coloniales, il n'y aura plus assez de profits à tirer de la contrebande pour que personne veuille s'exposer à la faire.

De Saint-Roch à Ronda, il y a une forte journée. Les mauvais chemins, qui tantôt suivent les contours du Guadiaro, tantôt montent sur la croupe des montagnes, ou serpentent sur les flancs perpendiculaires des rochers, rendent cette journée très-fatigante. Un abîme immense au fond duquel coulent les eaux limpides du Guadiaro, deux très-beaux ponts, dont l'un appelé le Pont-Neuf, construit assez récemment, est d'une architecture très-hardie, unissent les deux côtés de la vallée qui divise la ville en deux portions. On y compte dix-huit mille habitants, et l'on estime les armes qui sortent de ses ateliers. On y voit les restes d'un théâtre, des ruines duquel on retire sans cesse des statues, des monnaies et des débris d'antiquités romaines. Cette ville est une de celles qui ont le plus longtemps subi la domination maure.

« Je me souviens, dit D. Lopez, d'avoir lu dans un ouvrage récent un trait qui peint assez bien les mœurs chevaleresques du XVe et du XVIe siècle. Les Castillans s'étaient rendus maîtres d'Antequera, où nous arriverons demain. Le gouverneur Narvaez envoyait tous les jours des cavaliers à la découverte, parce qu'il connaissait le naturel entreprenant des Maures, et qu'il ne voulait pas se laisser surprendre. Un jour, ces cavaliers lui amenèrent un jeune Maure, qu'ils avaient fait prisonnier. Il était monté sur un beau cheval richement enharnaché, et il portait un large cimeterre dont la poignée était tout incrustée de pierreries. Lorsqu'il se présenta devant Narvaez, il ne put retenir ses larmes ; Narvaez, surpris autant que touché, lui demanda qui il était. « Je suis, lui répondit le Maure, fils de l'alcayde de Ronda (1).

— Eh quoi ! reprit Narvaez, toi le fils d'un aussi

(1) On appelait alcayde le gouverneur d'une forteresse, d'un château, d'une place de guerre.

vaillant chevalier que l'alcayde de Ronda, tu te livres ainsi à la douleur, tu pleures comme une femme !

— Ah ! répliqua le Maure, ce n'est pas sur moi que je pleure, et j'ai plus d'une fois prouvé dans les combats que je ne crains pas la mort; mais, écoute-moi, je devais épouser ce soir la fille de l'alcayde de Mora. Tout est préparé pour cette union à laquelle j'aspirais; on m'attend. Je pressais mon cheval, je l'excitais de la voix et de l'éperon, et je suis tombé au milieu d'un groupe de tes cavaliers que je n'avais point vus. Que pensera de moi l'alcayde de Mora ? que pensera sa fille, aussi noble que belle ? que penseront mon père et tous les miens ? Voilà, Narvaez, ce qui cause ma peine. »

« Celui-ci, ému jusqu'au fond du cœur, et prévenu favorablement en faveur de son prisonnier, par son air de franchise, par sa jeunesse et même par la renommée que déjà il avait acquise, lui tint ce langage : « Fils du noble alcayde de Ronda, si je te permettais de te rendre à Mora, sous la promesse de venir reprendre tes fers après ton mariage jusqu'à échange ou rançon...

— O Narvaez, reprit le Maure, sans lui laisser le temps d'achever, je reviendrais, je te le jure au nom d'Allah et sur cette épée de chevalier.

— Eh bien ! sois libre aujourd'hui et reviens demain. »

« Le Maure partit, arriva promptement à Mora, épousa sa fiancée, et lorsque le soir fut venu, il lui dit : « Demain, au point du jour, il faut que je te quitte pour aller acquitter une dette d'honneur. » Sa femme le pressa de s'expliquer, et lorsqu'elle l'eut entendu : « Tu ne partiras pas seul, lui dit-elle ; je t'accompagnerai, je me jetterai aux pieds de Narvaez, il permettra que je partage ta prison. » Le soleil ne brillait pas encore, que déjà les deux époux étaient sur pied, préparant leur départ. A neuf heures du matin ils entrèrent dans Antequera, et peu d'instants après ils furent introduits devant le gouverneur : « Je viens te rendre ton prisonnier, lui dit le Maure ; mais je n'ai pu empêcher mon épouse de me suivre, elle te conjure par ma voix de lui accorder le triste droit de partager ma captivité. » Quand la jeune femme entendit ces mots, elle voulut, comme elle l'avait dit, embrasser les genoux du gouverneur. Narvaez ne le permit pas, et se tournant vers l'époux : « Tu m'as prouvé aujourd'hui, lui dit-il, que tu es un noble chevalier ; reçois donc le prix de ta loyauté ; soyez libres l'un et l'autre ; et retournez en paix à Mora ; je vous donnerai une escorte pour vous garantir de tout accident. » Les deux époux voulaient que Narvaez acceptât une forte rançon ; ils avaient eu soin de se munir de pierreries et d'objets de grand prix ; non-seulement Narvaez refusa leurs présents, mais encore il les obligea de recevoir les siens. Bien longtemps après cet événement les Maures célébraient encore dans leurs romances les vertus de Narvaez. »

Avant de quitter Ronda, nos voyageurs parcoururent la galerie souterraine qui du milieu de la ville descend, par un escalier de quatre cents marches, au bord de la rivière. Cette galerie est toute creusée dans le roc. C'est un ouvrage des Maures, qui voulaient ainsi s'assurer, en cas de siége, les moyens de se pourvoir d'eau sans être inquiétés par les assiégeants.

Antequera, sur le Guadajoz, est une ville assez populeuse, dont les habitants, au nombre de trois mille, ne manquent pas d'industrie. Nos voyageurs ne s'y arrêtèrent que pour y passer la nuit, et ils se dirigèrent au sud, vers la fameuse ville de Malaga; une très-belle route a été construite entre les deux villes, qui sont à une petite journée de distance l'une de l'autre : Malaga est située au fond d'une vaste baie, au milieu d'une campagne superbe, sous un climat délicieux et un ciel toujours pur. La bonté de ses vins est connue, et ses fruits secs, ses amandes, ses raisins forment avec les vins la base d'un commerce très-florissant. Sa population excède cinquante mille âmes. Quelques-uns de ses habitants ont planté des nopals et acclimaté la cochenille, ce qui à l'avenir pourra donner au commerce une branche de produits très-importante. Nos voyageurs remarquèrent dans Malaga le palais de l'évêque, la vaste cathédrale, le quartier dit de l'*Alameda*, et principalement les environs de la ville, qui parurent à Gustave surpasser en beauté tout ce qu'il avait vu jusqu'alors. Le port de Malaga est un des mieux construits qu'il y ait en Europe. Velez-Malaga, où nos voyageurs passèrent, et qui est à cinq à six lieues de Malaga, offre encore dans ses environs un paysage admirable. Rien ne peut se comparer à la richesse et à la variété de ses produits. Elle fournit au commerce des vins exquis, du sucre, des liqueurs et de l'huile; on porte à quatorze mille le nombre de ses habitants.

« Si nous continuions de suivre la côte, dit D. Lopez en sortant de Velez-Malaga, nous trouverions plusieurs petites villes parmi lesquelles il nous faudrait distinguer Motril, où l'on cultive en grand la canne à sucre, et dont les habitants, au nombre de douze mille, s'occupent en partie de l'exploitation de mines de plomb qui en sont peu éloignées. On fait grand cas de son rhum, que les Espagnols comparent et même préfèrent à celui de la Jamaïque. Beaucoup plus loin, nous trouverions Almeria, ville jadis célèbre, et dont la possession fut regardée comme si importante par les rois de Castille, que pendant bien des années ils y entretinrent une garnison de dix mille hommes qu'on y transportait par mer. On y compte encore aujourd'hui près de vingt mille âmes, et son commerce est assez actif; mais ce n'est là qu'une ombre de ce qu'elle fut autrefois. Cependant il ne faudrait pas, pour voir Almeria ou même Motril, qui est beaucoup plus près de nous, se mettre dans le cas de revenir par une marche rétrograde de plus de trente lieues, sur la seule ville qui soit véritablement digne de l'attention des voyageurs éclairés. Je veux parler de Grenade. »

M. Germon approuva les observations de D. Lopez, et il ouvrit l'avis de partir immédiatement pour Grenade, en passant par Alhama et Loja. Gustave, moins économe de son temps, aurait volontiers allongé sa route, et, s'il avait fallu s'en rapporter à lui, on aurait visité jusqu'au moindre hameau; toutefois il céda sans résistance, comptant bien au surplus se dédommager, par un plus long séjour à Grenade, du sacrifice qu'il croyait faire, car c'était un sacrifice qu'il voyait dans sa condescendance. Il avait lu qu'Alphonse le Batailleur était parti de Saragosse en 1125, avec quatre mille chevaliers, et que, laissant derrière lui Valence, Denia, Murcie, Barza et trente places fortes toutes occupées par les Maures ou les Almohades, il avait pénétré jusqu'à Grenade, qu'il n'avait pu emporter faute de machines de guerre; que de là il s'était dirigé vers les Alpaxaras, où, attaqué par une armée almohade, il avait remporté une victoire complète; que, traversant les montagnes, il était arrivé avec ses chevaliers sur la place d'Almeria; que là il avait fait construire un bateau, et qu'il avait pris pendant quelques heures l'amusement de la pêche, afin que l'histoire pût dire un jour « qu'un roi d'Aragon parti de Saragosse avec ses chevaliers était venu pêcher dans la Méditerranée, à travers vingt pays ennemis. » Et Gustave aurait voulu voir de ses yeux ce rivage d'Almeria, suivre les mêmes routes, traverser les mêmes montagnes; il aurait cru voyager avec l'ombre de ce grand roi, qui fut la terreur du nom musulman, et qui certainement aurait délivré l'Espagne du joug étranger, s'il avait été secondé par les autres princes chrétiens de la Péninsule.

La petite caravane arriva de bonne heure à la ville d'Alhama, située au sommet d'une montagne qui fait partie de la chaîne d'Antequera, laquelle n'est elle-même qu'une division des Alpuxaras. Alhama, peuplée de six à sept mille âmes, jouit, sous un climat brûlant, d'une température délicieuse, qu'elle doit à sa position élevée (cinq cents toises au-dessus du niveau de la mer); elle a des bains d'eaux minérales qui attirent beaucoup de malades et de gens désœuvrés. Loja, située sur le Xenil et peuplée de quatorze mille habitants, ne peut offrir à la curiosité des étrangers que ses manufactures d'indiennes et ses fabriques de papier à écrire. Le lendemain de bonne heure on entra dans Grenade.

CHAPITRE XIII

Grenade. — La Sierra Nevada. — Les Gitanos, etc.

Tout ce que l'imagination des peintres et des poëtes peut leur fournir de gracieux, de beau, de riche, d'élégant, pour décrire un lieu de délices, suffit à peine pour donner une idée du tableau qui se déroulait devant nos voyageurs. La plaine de Grenade (*la vega de Grenada*), qui s'étend autour de la ville sur un rayon de plusieurs lieues, est un véritable jardin d'Éden où tout se trouve réuni : douceur infinie du climat, chaleur tempérée par les vents de mer qui traversent la *Sierra Nevada* (montagne neigeuse), pureté constante du ciel, soleil brillant, salubrité de l'air, eaux limpides, arbres toujours couverts de fruits, feuillages épais, points de vue aussi beaux que variés, tout concourt au plaisir des yeux, et de ce plaisir naît cet ineffable sentiment de bien-être que produit en nous l'aspect des merveilles de la nature. En traversant la plaine de Grenade, Gustave n'avait trouvé qu'un mot pour exprimer tout ce qu'il éprouvait : « O le beau pays ! ô le beau pays ! »

Grenade s'élève sur les bords du Darro, près de son confluent avec le Xenil. Elle a de beaux édifices, de grandes places, de superbes fontaines, une cathédrale autrefois mosquée, l'une des plus vastes de la Péninsule, mille monuments qui parlent encore de sa grandeur passée. «Ce qui surtout attire l'attention des étrangers, c'est l'Alhambra, l'ancien palais de Grenade, avec ses dépendances. Ce fut en 1238, dit D. Lopez, que le Maure ou plutôt l'Andalous Mohammed-Ben-Alhamar, qui descendait des Beni-Stud de Saragosse, fonda un royaume qu'à force de courage, d'adresse et de politique, il sut rendre indépendant des chrétiens et des Almohades. Ce royaume se fortifia, dans la suite, de tous les débris des États musulmans de la Péninsule, et il subsista jusqu'à la fin de l'an 1491. La capitulation qui fit tomber ce dernier boulevard de l'islamisme aux mains de Ferdinand et d'Isabelle, est du 4 janvier 1492. »

Le lendemain de leur arrivée, Gustave et ses amis allèrent voir l'Alhambra, palais merveilleux, chef-d'œuvre de l'architecture mauresque, dont il n'y eut jamais de modèle, dont aucune copie ne saurait approcher. Du milieu de la ville jaillit une vaste colline de roche, escarpée et presque inaccessible. De vieilles murailles flanquées de tours crénelées couronnent les sommets de la colline, dont elles suivent les contours. C'est dans l'enceinte que ces murs embrassent que les souverains de Grenade bâtirent leur palais, à la fois séjour de plaisir, résidence vraiment royale, et forteresse inexpugnable. Nos voyageurs passèrent la moitié du jour dans ces lieux autrefois si pleins de vie, et qui n'ont aujourd'hui pour habitants que des chauves-souris et un vieux concierge qui, pour une pièce d'argent, vous introduit partout et vous donne pour la dix millième fois sans doute une explication qui est en quelque sorte identifiée avec lui, et qui sort de sa bouche par habitude, comme de celle d'un automate.

Gustave envoya une description de l'Alhambra à son oncle, et cette description était longue, car il n'est pas une seule pièce, une seule galerie, une seule partie de l'Alhambra qui ne puisse fournir beaucoup de matière à l'observateur. Ce qui frappa le plus Gustave, ce furent la cour des Lions, la grande salle de réception, la pièce qu'on appelle le Belvédère de la Reine, et la pièce dite des Abencérages.

La cour des Lions occupe le centre de l'appartement du roi. C'est un carré dont les côtés ont cent pieds de long; il est entouré d'un portique, formant galerie, soutenu par plusieurs centaines de colonnes. Douze lions d'albâtre, très-bien sculptés, supportent trois larges coupes de la même matière; ces coupes s'emplissent alternativement des eaux d'une gerbe qui s'élève d'abord à une grande hauteur, et retombe en ondées chargées d'écume. Les eaux de ces bassins se distribuent, par une infinité de canaux, dans les divers compartiments de la cour, plantés d'arbustes odoriférants. Plusieurs issues, ménagées sous les portiques, donnent entrée aux divers appartements du harem et à la chambre à coucher du roi.

Le Belvédère de la Reine, ou, pour parler plus correctement, de la sultane, mère de l'héritier présomptif, est un cabinet d'où les regards embrassent les montagnes voisines de la vallée du Darro. On voit encore, dans les ornements qui décorent ce cabinet, des trous extrêmement petits, par lesquels s'échappaient les vapeurs parfumées des matières aromatiques qu'on faisait brûler au dedans.

Au centre, du côté méridional de la cour des Lions, est une large porte qui donne entrée dans une pièce éclairée d'en haut, et du milieu de laquelle s'élance un jet d'eau. On l'appelle salle des Abencérages, parce qu'on y décapita trente-six nobles musulmans qu'on accusait de conspiration. Ils appartenaient à la tribu de *Zegri*, et on les désignait par le nom de *Beni-Zegri*, d'où les romanciers espagnols ont tiré le nom d'*Abencérage*. La cour des Myrtes a au milieu un grand bassin de marbre dans lequel on descend par des degrés ; ce bassin était rempli d'eau qui se renouvelait sans cesse. C'était là, dit-on, que les femmes du harem faisaient leurs ablutions. Les bords du bassin étaient ombragés de myrtes et d'autres arbustes fleuris.

De la cour des Myrtes on peut entrer dans la salle de réception, où les ambassadeurs étaient introduits. C'est pour la construction de cette magnifique salle que les architectes grenadins ont réservé toutes les richesses de leur riante imagination. La voûte se compose de lambris plaqués de nacre, d'or et d'écaille de tortue. Autour de la salle règnent des galeries que soutiennent des colonnes de marbre. Une balustradre d'albâtre entoure une espèce de divan qui marque la place du trône. Les murs sont tout couverts d'arabesques sculptées et enrichies des plus vives couleurs.

Dans une des cours de l'Alhambra, et adossé aux bâtiments mêmes de cet édifice, on voit un palais bâti par Charles-Quint. Partout ailleurs ce palais serait beau; auprès de l'Alhambra, ce n'est qu'un bâtiment mesquin à côté d'une superbe maison royale.

Au delà d'un ravin profond qui isole l'Alhambra, on voit un très-beau pavillon connu sous le nom de *Généralif*. Il est entouré de jardins qui autrefois descendaient en terrasses jusqu'au Darro. On a laissé les terrasses tomber en ruine et s'écrouler les unes sur les autres; ce qui en reste fait vivement regretter qu'on ait ainsi abandonné ces magnifiques jardins à la destruction, car rien n'est plus délicieux que les parties que le temps a jusqu'ici respectées. Ce sont des cascades, des bassins, des nappes d'eau, des parterres remplis de fleurs, des bosquets de rosiers, de chèvrefeuilles, de jasmins, d'arbustes de tout genre, d'orangers, de lauriers-roses, etc. Deux cyprès énormes, qui ont cinq à six cents ans d'existence, s'élèvent à l'entrée du Généralif.

A l'orient de Grenade existe une vallée que la nature a pris soin de parer de tant de beautés pittoresques et variées, que les musulmans l'appelaient *Paradis du monde*, nom que les Espagnols lui ont conservé dans celui de Val-Paraiso. Ce lieu de délices sert encore de texte à plusieurs romances plaintives des Maures d'Afrique. Le Darro parcourt d'un bout à l'autre cette riche vallée, sous des formes toujours nouvelles. Tantôt c'est un torrent écumeux qui se précipite de rocher en rocher; tantôt c'est une eau transparente qui roule sur un lit de cailloux et de sable. Ici elle roule dans un lit étroit et profond, là elle s'étend sur ses bords comme une nappe; plus loin elle serpente à travers de vastes prairies, tout émaillées de fleurs. De distance en distance s'élèvent dans la vallée des maisons de campagne ornées de jardins. De tous côtés l'oranger, le citronnier, le cerisier, le figuier, le pêcher, croissant à l'abri des vents et des orages, étalent à l'envi leurs fruits dorés ou teints d'écarlate. Au milieu de ces bosquets délicieux, les eaux artistement ménagées se répandent en gerbes, en nappes, en cascades. Des touffes d'arbustes, des masses de verdure tapissent le flanc des montagnes jusqu'à leur sommet: tous les trésors de la végétation se trouvent réunis en ce lieu.

Les eaux du Darro roulent des paillettes d'or, on

croit qu'elles s'en chargent en baignant le pied de la montagne du Soleil, *cerro del Sol*, qui renferme, dit-on, des mines aurifères. C'est de cette circonstance que la rivière a pris son nom, qui s'est formé par corruption des mots *de auro*. Les Maures attribuaient aux eaux du Darro de merveilleuses propriétés curatives. Les Grenadins modernes n'en font pas moins de cas; ces eaux sont pour eux une panacée qu'ils appliquent à tous les maux.

Au sud-est de Grenade s'élève la *Sierra Nevada* (montagne neigeuse), ainsi nommée parce que ses hautes cimes sont toujours couvertes de neige. Le *cerro* ou pic de *Mulhacen* est le plus haut point de la Péninsule; il s'élève à dix-huit cent vingt-trois toises. Gustave aurait bien désiré gravir sur le sommet; mais on lui fit entendre qu'il y avait impossibilité physique, et que ce serait d'ailleurs une entreprise fort périlleuse et fort longue. Quant aux Alpuxaras, elles ne sont qu'un prolongement de la chaîne principale de Nevada, lequel s'étend vers l'ouest de la même direction; nues et arides dans leur partie supérieure, elles offrent dans leur partie mitoyenne, et principalement vers leur base, de vastes pâturages ou l'on conduit, l'hiver, ces précieux mérinos qui fournissent des laines si belles à nos fabricants. A mesure qu'elles s'éloignent du pic de Mulhacen, elles vont s'abaissant insensiblement jusqu'à ce qu'elles rencontrent les montagnes d'Antequera.

Les Alpuxaras acquirent, vers le milieu du

XVIe siècle, une grande célébrité, parce qu'elles servirent de retraite aux Maures qui étaient restés à Grenade et dans les environs, et qu'ils y élevèrent même un simulacre de royauté. Un décret rigoureux de l'an 1567 enjoignit aux Maures d'envoyer leurs enfants aux écoles chrétiennes, de renoncer aux costumes arabes, de se soumettre pour leurs propres contrats aux lois du royaume, etc. Le gouverneur de Grenade, marquis de Mondejar, transmit au roi leurs réclamations, qui ne furent pas écoutées. Les Maures au désespoir se révoltèrent et s'emparèrent des montagnes. Ils demandèrent des secours aux Africains, appelèrent à eux les montagnards, commirent de grands désordres et se fortifièrent dans les Alpuxaras. Ils se donnèrent même un roi. Beaucoup de villes se réunirent aux révoltés. Il fallut envoyer des troupes contre eux; et ce ne fut qu'au bout de plusieurs années que la révolte fut étouffée. Ce n'est pourtant que sous le règne de Philippe III que l'expulsion définitive des Maures eut lieu; trois millions d'entre eux sortirent, dit-on, du royaume. Toutefois plusieurs petites villes des Alpuxaras conservèrent, du moins en partie, leur population maure. On cite surtout la ville d'Ugijar, chef-lieu d'un district des Alpuxaras, peuplée d'environ trois mille individus, qui depuis longtemps se font remarquer par leur industrie. Ils sont tous d'origine maure, et l'on trouve aux environs plusieurs familles de pur sang africain.

C'est au milieu de ces montagnes que la *Compa-*

gnie Ibérique a établi, il y a peu d'années, sa grande exploitation de plomb. Il n'y en a pas en Europe d'aussi importante. Dès l'année 1826, le produit des mines s'est porté annuellement à cinq cent mille quintaux environ.

Après avoir vu tout ce que Grenade renfermait de curieux, M. Germon voulut, en faveur de Gustave, consacrer une journée à parcourir les environs de la ville. Ils virent d'abord Santa-Fé près du confluent du Darro et du Xenil. Ils n'y trouvèrent rien de remarquable. Cette ville, en effet, ne peut intéresser que par son origine. Quand Ferdinand et Isabelle, maîtres de toutes les places du royaume fondé par Mohammed-Ben-Alhamar, résolurent d'anéantir à jamais la puissance des musulmans en Espagne, ils conduisirent en personne, sous les murs de Grenade, une armée de soixante mille hommes, dont dix mille de cavalerie; et pour faire voir aux Grenadins que leur intention était de ne lever leur camp qu'après la chute de leur ville, ils firent construire des baraques de terre sur un alignement régulier pour loger leurs soldats, et entourèrent ce camp de remparts, de tours et de fossés. Peu à peu ces baraques se convertirent en maisons, et le camp espagnol devint une ville à laquelle on donna le nom de Santa-Fé (Sainte-Foi), et cette ville subsiste encore.

Au nord de Santa-Fé, sur la rive gauche du Xenil, sont les ruines d'Elvire, l'ancienne *Fliberis*. Cette ville fut détruite de fond en comble durant les guerres qui suivirent le renversement du califat de

Cordoue, et elle n'a pas été relevée, parce que toute la population s'est portée à Grenade, où les souverains avaient établi leur résidence. Grenade avait alors quatre cent mille habitants, nombre aujourd'hui réduit à un cinquième.

Ce qui étonna le plus Gustave, et ce qui, en général, cause le plus de surprise à tous les voyageurs étrangers qui visitent Grenade, ce fut de voir sur les flancs de la montagne une grande quantité de grottes dont les entrées sont tout entourées de nopals. Ces grottes servent d'habitation à cinq à six milliers d'individus, connus en Espagne sous le nom de *Gitanos*, que bien des gens confondent avec ce qu'en France on nomme Bohémiens.

« Pour moi, dit D. Lopez, j'ai toujours vu dans les Gitanos les restes de ces Maures proscrits, que l'amour du sol natal retint en Espagne malgré la rigueur des ordonnances. Ces ordonnances donnent aux bannis le nom d'Égyptiens. Celle de Ferdinand et Isabelle, de l'an 1499, veut que, dans les soixante jours qui suivront sa publication, tous les *Égyptiens*, qui... seraient rencontrés errants et vagabonds, reçoivent pour la première fois cent coups de fouet, qu'ils aient les oreilles coupées en cas de récidive, et qu'ils soient réduits en esclavage s'ils sont repris encore une fois. Il paraît même que les Maures étaient généralement attachés au service d'un maître, comme le donne à entendre le vieux proverbe : *Quien tiene Moro, tiene oro* (celui qui a un Maure a un trésor), proverbe fondé sur l'utilité dont les

Maures étaient pour leurs maîtres, à cause de leur industrie. Après les édits de bannissement, un grand nombre de Maures passèrent en France, un assez grand nombre s'arrêtèrent en Catalogne et en Roussillon, car un statut des constitutions de Catalogne, de l'an 1512, prononce la peine de bannissement contre les Bohémiens ou Égyptiens errants dans la principauté de Catalogne et les comtés du Roussillon et de Cerdagne. Ce nom de Bohémien avait été donné par les Français à ces bandes vagabondes.

« Un édit de Charles-Quint, de l'an 1526, enchérit sur celui de Ferdinand, et il est probable que ce fut à l'époque de ces édits que les Maures ou Égyptiens ont adopté, pour s'entendre sans être entendus par les autres, un jargon composé de mots bizarres, dans lesquels on a voulu trouver de l'hébreu, de l'arabe, du sanscrit; ce qui a donné lieu à des explications au moins plaisantes de la part de certains savants qui prétendent tout expliquer. J'ai déjà parlé de l'édit de Philippe II, de la guerre d'extermination qui fut faite aux Maures révoltés, et de leur expulsion définitive sous Philippe III. Depuis cette époque des mesures coërcitives ont été plusieurs fois prises contre les Gitanos ou Égyptiens; mais elles n'ont pas suffi pour les expulser de l'Espagne. Une ordonnance de Charles III, de 1783, contient pour la première fois, en faveur de ces malheureux, des dispositions bienveillantes.

« Au fond, si les Gitanos, persécutés quelquefois

avec une injuste rigueur, étaient dignes de commisération et de pitié, ils ne méritent aujourd'hui que le mépris et la haine, par leur persévérance dans la vie désordonnée qu'ils mènent, uniquement occupés à tromper tous ceux qui traitent avec eux, car on doit mépriser celui qui, volontairement, vit dans un état abject, et qui repousse les moyens qu'on lui offre pour en sortir. Les Gitanos, aujourd'hui, comptent comme branche de leur industrie l'art de tondre les chiens et les bêtes de somme; pour ce qui est de leur commerce, il consiste dans un perpétuel maquignonnage; ils vendent ou brocantent toute sorte d'animaux avec beaucoup d'adresse, et il est rare, quand on traite avec eux, de ne pas être dupe. Les Gitanos ne sont pas seulement rusés maquignons, ils sont encore fins voleurs. Ce qu'il y a de pis, c'est qu'ils savent si bien déguiser les objets volés, que leurs pauvres maîtres ne les peuvent reconnaître.

« C'est principalement aux foires qu'on voit accourir des Gitanos en nombre. Ils n'hésitent pas à y amener les animaux qu'ils ont dérobés : un vieux cheval, ils le rajeunissent en lui limant les dents, ils lui donnent de la vivacité en lui plaçant sous la queue un paquet d'orties; un âne paresseux, ils le rendent fringant en lui introduisant du vif-argent par les oreilles; un mulet têtu ou vicieux, ils l'assoupissent avec de l'opium. Puis ils étourdissent de tant de paroles les pauvres villageois, ils jurent si souvent sur leur âme et conscience, ils prennent leur patron saint Antoine à témoin de leur fidélité avec tant d'apparente bonne foi, que le villageois, entraîné, se laisse prendre.

« Leurs femmes les secondent merveilleusement, surtout dans nos contrées méridionales. Les vieilles font métier de dire la bonne aventure, les jeunes entament les marchés que leurs maris concluent, ou bien, par leurs danses, leurs chansons et leurs castagnettes, elles attirent la foule, ressemblant en cela aux almés égyptiennes, qui sont les bayadères de l'Afrique. Au reste, toutes les Gitanos, jeunes ou vieilles, volent avec beaucoup de subtilité. Malheur à l'imprudent qui s'abandonne au plaisir de les entendre ou de les voir danser ! il peut être sûr d'avance de payer un peu cher sa place au spectacle qu'on semblait lui offrir gratis.

« Ces gens-là ont-ils une religion ? c'est ce qu'on ignore. Pour se faire tolérer en Espagne, ils ont besoin de paraître chrétiens ; mais leur christianisme ne consiste qu'en quelques pratiques extérieures. On dit qu'entre eux ils se livrent à des pratiques superstitieuses, qui rappellent le plus grossier islamisme. Au fond, leur ignorance en fait de religion est extrême ; ils se chargent le corps de médailles, de croix, de reliques ; ils font bénir leurs mariages par le prêtre, ils se rendent en foule à la messe de minuit le jour de Noël ; mais c'est à peu près à cela que se réduit pour eux la religion chrétienne. Pour ce qui est de leurs mœurs, elles sont fort déréglées, et ils n'ont, hommes et femmes, que des idées fort vagues de vertu, de décence et de modestie. Tout ce qu'on peut dire en leur faveur, c'est qu'il est extrêmement rare qu'ils se rendent coupables de grands crimes. Il leur arrive souvent de dépouiller les voyageurs que leur mauvaise destinée fait tomber seuls au milieu de quelqu'une de leurs bandes nomades, mais ils ne sont jamais allés jusqu'à l'assassinat.

« Les Gitanos sont, en général, de couleur bronzée; ils ont des membres bien proportionnés et une taille au-dessus de la moyenne. Ils sont robustes, alertes, nerveux; ils supportent gaiement toutes les intempéries du climat; ils passent les nuits en rase campagne, soit qu'ils se rendent aux foires, soit que déjà ils y soient arrivés. Ils ont la bouche très-grande et les lèvres grosses, le nez large, épaté, les pommettes très-relevées; ils ressemblent plus aux nègres qu'aux Européens; mais ils ont les cheveux longs, plats et très-noirs. Ils sont dénués de connaissances, mais ils ne manquent pas d'intelligence; ce qui faisait dire à Cervantès, en plaisantant, que le diable, qui était leur maître, leur en enseignait plus en une heure que les autres n'en peuvent apprendre en un an. »

Gustave remercia beaucoup D. Lopez des détails qu'il venait de lui donner; mais, tout en s'entretenant des Gitanos ou Bohémiens, Gustave et D. Lopez vinrent à parler de certaines tribus peu connues que l'Espagne recèle dans ses montagnes. Gustave se souvenait d'avoir lu en France un roman de Mme de Genlis intitulé *Battuecas*, dans lequel l'auteur prétend décrire un pays et des hommes jusque-là ignorés.

« Je connais ce roman, répondit D. Lopez. L'auteur avait probablement expédié en Espagne tout ce qu'elle n'avait pu vendre en France de son édition. Cette dame, par un écart bizarre de goût, a fait vivre ses héros au temps de l'invasion napoléonienne, afin de pouvoir décrire à loisir les scènes de carnage et d'horribles représailles que fournit cette époque féconde en excès de tout genre. Il est aisé de voir que cet ouvrage est le fruit de la vieillesse de l'auteur. Au fond, voici tout ce qu'on sait des Battuecas. Dans le diocèse de Coria, province de Léon, entre Ciudad-Rodrigo au midi et Salamanque au nord, existe une vallée qu'on appelle *Val de Battuecas*, protégée par des montagnes presque inaccessibles, et restée tout à fait inconnue, au milieu des révolutions qui ont agité l'Espagne à diverses époques, jusqu'au règne de Philippe II. C'est un plateau d'une lieue carrée, jeté par la nature au fond d'un désert, comme si elle eût voulu en cacher l'existence aux hommes. On ne sait comment cette contrée a reçu des habitants. On présume qu'au temps de la conquête des Arabes, quelques individus de la nation vaincue se sauvèrent dans les montagnes, découvrirent cet asile, d'où leurs descendants ont vu passer les événements qui ont tant de fois bouleversé l'Espagne, sans y prendre aucune part; toutefois le P. Feijoo, dans son excellent ouvrage intitulé *Teatro Critico*, a soutenu et prouvé que cette vallée était connue des Romains. Plusieurs savants espagnols ont prétendu que ce n'est point par des Goths fuyant devant les Arabes que la vallée fut peuplée, mais par des Ibères ou Celtibères fuyant devant les Goths.

— Et comment cette vallée fut-elle découverte? dit Gustave.

— Suivant certaines traditions, ce fut le hasard seul qui amena cette découverte. Quoi qu'il en soit, Philippe II envoya aux Battuecas des missionnaires, qui les convertirent au christianisme, dont ils n'avaient pas la moindre notion, ce qui semble confirmer l'opinion de ceux qui les font descendre des Ibères. Les Goths étaient chrétiens au VIIIe siècle, et de ce siècle au XVIe il ne s'est point passé assez de temps pour que toutes les idées religieuses eussent été si complétement effacées, qu'il n'en restât aucun vestige. Au fond, ces hommes sont, encore aujourd'hui, grossiers, ignorants, à demi sauvages, au point qu'il existe parmi nous un adage qu'on applique à tout homme mal élevé: *Sale de Battuecas*, il vient des Battuecas.

« Les *Maragatos* et les *Vaqueros*, ajouta D. Lopez, forment encore au nord de l'Espagne deux peuplades qui peut-être ont avec les Battuecas une origine commune, et que cependant on ne saurait confondre avec ces derniers, parce qu'ils se rapprochent beaucoup plus du peuple espagnol par leur civilisation, bien qu'ils conservent encore quelque trait indiquant une origine étrangère ou une race transplantée.

« On donne le nom de *Maragatos* à une classe, caste ou tribu d'hommes qui habitent les montagnes voisines d'Astorga. La plupart d'entre eux sont muletiers (*arrieros*); mais ils ne chantent pas en cheminant, comme cela arrive souvent aux autres muletiers. Ils sont sérieux, ne rient jamais, ne se marient qu'entre eux et ne recherchent pas la société des hommes. Ils sont d'ordinaire de complexion sèche et décharnée, mais forts et vigoureux. Ils apportent dans leurs traités la plus grande bonne foi, et ils ont une réputation méritée de probité. Ils ont pour coiffure un bonnet pointu ou *montera*, une blouse de couleur brune, une large fraise autour du cou, et des guêtres de drap ou *polaynas*. Le bonnet des femmes est de couleur blanche et moins pointu; elles y renferment leurs cheveux, qui se divisent sur le front à droite et à gauche. Leur corset boutonné par devant laisse voir une partie de la chemise, qui monte jusqu'au menton et se ferme aussi avec des boutons. Les manches du corset sont ouvertes par derrière. La jupe, de drap brun, ne descend que jusqu'au genou. On assure que le costume des Maragatos, transmis religieusement de père en fils, était celui des anciens Celtes.

« Sous le même méridien, mais plus au nord, on trouve les *Vaqueros*, ainsi nommés parce qu'ils n'ont pas d'autre métier, d'autre industrie que de garder les vaches; ils sont un peu sauvages, mais un peu moins sérieux que les Maragatos, et leur naturel est assez doux. Par les habitudes, le langage et le costume, ils diffèrent au reste très-peu des Maragatos. »

CHAPITRE XIV

Murcie. — Alicante. — Valence. — Valladolid. — Burgos. — Numance.

Nos voyageurs se remirent en route, très-satisfaits de leur séjour à Grenade ; ils ne tardèrent pas à se retrouver dans les montagnes, et ce ne fut qu'au bout d'une marche de quatre jours qu'ils arrivèrent à Carthagène. Ils virent en passant, Guadix, qu'il ne faut pas confondre avec Cadix, ses fabriques de poterie et sa cathédrale ; Baza, petite ville de cinq à six mille âmes, qu'il ne faut pas non plus confondre avec Bueza, ville épiscopale de onze mille habitants, à six lieues nord-est de Jaen ; Velez-Rubio, qui n'a pas moins de population que Bueza, et qui possède un grand nombre de fabriques de draps communs ; ils aperçurent de loin les tours de l'Alcazar de Velez-Blanco, à deux petites lieues de Velez-Rubio.

La ville de Lorca, où nos voyageurs passèrent la nuit, a quelques beaux édifices, un grand nombre d'ateliers et plus de quarante mille âmes de population. Cette ville était fort puissante sous la domination des Maures, et son wali ou gouverneur défendit longtemps son indépendance contre les Almoravides. Elle doit à l'industrie de ses habitants de n'être pas trop déchue de son ancienne importance.

Carthagène fut bâtie, dit-on, par les Carthaginois, au fond d'un golfe qui forme l'un des plus beaux ports de la Méditerranée. Sa population est un peu moindre que celle de Lorca. Elle a de beaux chantiers de construction, et la ville est assez bien bâtie. Son école des cadets de marine, celle des pilotes et de la navigation, celle des mathématiques, le jardin botanique, l'arsenal, méritent l'attention des étrangers. Toutefois, sous le rapport des établissements maritimes, Carthagène a beaucoup perdu depuis qu'on a renoncé à l'usage des galères. En sortant, le lendemain, de Carthagène pour gagner Murcie, nos voyageurs aperçurent les montagnes d'où les Romains tiraient de l'argent et plusieurs autres métaux; il y a, à deux lieues de Carthagène, une immense caverne, dite de Saint-Jean, qui n'est probablement qu'une mine abandonnée.

Murcie est une grande ville où réside l'évêque de Carthagène; c'est le chef-lieu d'une province qui avait le titre de royaume, quoiqu'elle n'ait jamais eu de rois indépendants. Nos voyageurs allèrent voir la cathédrale, le palais épiscopal, l'hôtel de ville, l'atelier où l'on apprête la soie, le jardin botanique et quelques autres bâtiments publics. Les édifices de cette ville ont, du reste, beaucoup souffert par les tremblements de terre qui en 1829 ont dégradé et bouleversé tout le bassin de la Segura, grande rivière sur la rive gauche de laquelle la ville s'élève. On visita à un quart de lieue de Murcie une verrerie importante où l'on fabrique à très-bas prix une grande quantité d'objets bien confectionnés.

De Murcie, nos voyageurs gagnèrent Orihuela, qui s'élève sur la Segura à cinq à six lieues plus loin. Cette ville, la première qu'on trouve en entrant dans le royaume de Valence, est peuplée de vingt-six mille âmes, et sert de résidence à l'évêque d'Alicante; elle est bâtie au milieu d'une plaine délicieuse qu'on a surnommée le Jardin de l'Espagne, parce qu'en tout temps elle est couverte de fleurs et de fruits. Les habitants s'y livrent à toute sorte d'ouvrages d'industrie. Cette ville a une université, une académie, des bibliothèques et plusieurs établissements publics.

D'Orihuela à Alicante il y a une grande journée de marche. On passe par Elche, ville de dix-neuf mille âmes, remarquable par l'industrie de ses habitants. Alicante parut à Gustave bien au-dessous de sa réputation; il trouva la ville petite et assez mal bâtie; mais il lui passa tous ces inconvénients en faveur de ses excellents vins, de son commerce, de son port et de sa rade, que fréquentent les vaisseaux marchands de la France, de l'Italie, de l'Espagne, de l'Angleterre, et même des nations du Nord. Alicante est défendue par une citadelle à laquelle se rattachent de bonnes fortifications.

Don Lopez était pressé d'arriver à Valence; il proposa à ses deux compagnons de voyage de prendre des chemins de traverse qui les feraient arriver un jour plus tôt. Cette proposition fut accueillie d'autant plus volontiers, que D. Lopez, qui connaissait parfaitement le pays, leur annonça qu'ils verraient, en passant, le fameux réservoir d'Alicante. Nos voyageurs, en effet, parvenus à cinq lieues de cette ville vers le nord-ouest, aperçurent ce vaste réservoir, dont les eaux, distribuées avec intelligence, suffisent à tous les besoins de l'agriculture. Il peut passer pour une merveille de la nature et de l'art réunis. « Près de Byar et de Castella, deux villages qu'on trouve à quatre à cinq lieues d'ici, dit D. Lopez, naissent plusieurs sources dont les eaux réunies forment un petit ruisseau que les pluies de l'hiver enflent peu, mais que les chaleurs de l'été ne font point tarir. Sur un espace d'environ quatre lieues, ce ruisseau coule entre deux chaînes de rochers élevés, comme dans un canal. A cinq lieues d'Alicante, les deux chaînes s'éloignent en décrivant de chaque côté un demi-cercle allongé; elles se rapprochent ensuite de telle sorte, qu'il reste à peine entre elles la place nécessaire au passage de l'eau. Pour former un bassin de tout l'espace compris dans l'ellipse, il ne s'agissait que de fermer l'issue, et c'est ce qu'on a fait. On a construit en ce lieu un mur très-solide, auquel on a adapté un gros robinet. Les eaux pluviales se réunissent dans ce réservoir, que les naturels appellent *el pantano,* le marais; celles du ruisseau en augmentent continuellement le volume, et par ce moyen la campagne d'Alicante, que la nature semblait avoir condamnée à la stérilité en lui refusant l'eau nécessaire à la navigation, ne manque jamais d'arrosement. »

La petite caravane, en continuant sa route, passa auprès de Gijona, petite ville dont les environs produisent une très-grande quantité d'yeuses que les naturels appellent chênes verts. Les baies de ces arbres forment une de leurs plus précieuses récoltes. Chacune de ces baies renferme de petits vers d'un rouge très-vif, dont on tire une teinture écarlate qui se distingue difficilement de celle que produit la cochenille. Pour en extraire la couleur, on broie ces vers avec un peu de vin jusqu'à ce qu'on ait tout réduit en une pâte dont on fait de petits gâteaux qui se conservent très-longtemps.

Au delà de Gijona on trouve Alcoy, petite ville peuplée de dix-huit mille âmes, célèbre par son excellente manufacture de draps ordinaires. En sortant d'Alcoy, on laisse sur sa gauche la ville de San-Felipe, qui, bien que moderne et peuplée de quinze mille âmes, n'a rien de remarquable ; et l'on arrive, au bout de quelques heures, à la petite ville de Candie, située sur le bord de la mer, au fond d'un vallon si riche et si fertile, que les Arabes, qui le regardaient comme un lieu de délices, le désignaient par un mot qui signifiait *réunion de trésors*. La montagne de Mondubar, qui ferme en quelque sorte le vallon du côté de Teno, renferme une grotte fameuse que les naturels appellent *Caverne-des-Prodiges*. Nos voyageurs, munis de flambeaux, entrèrent dans une vaste salle dont la voûte paraît supportée par trois à quatre cents colonnes, hautes de trente pieds et de six pouces seulement de diamètre, blanches comme l'albâtre, et résonnant d'un son argentin quand on les frappe légèrement avec un corps dur. Comme ces colonnes ne sont que des cristallisations, elles ne sont ni toutes égales ni bien alignées. Il y en a même qui sont suspendues à la voûte et n'arrivent pas jusqu'au sol, tandis que d'autres reposent sur le sol et n'arrivent pas à la voûte. Au fond de la salle des colonnes, on trouve un passage assez étroit qui conduit à un salon renfermant des cristallisations des formes les plus extraordinaires; beaucoup d'entre elles représentent des hommes ou des animaux qu'on serait tenté de prendre pour un ouvrage de l'art.

Arrivée sur le bord du Xucar, la petite caravane fut obligée d'attendre le retour du bac sur lequel on traverse la rivière en face d'un village nommé Cullera. « Cette rivière, dit D. Lopez, grossit considérablement par les pluies d'hiver, et souvent alors ses eaux couvrent une grande partie de la campagne. Avant la construction du pont d'Alberique, à neuf à dix lieues au-dessus, sur la grande route de Madrid, on plaçait de distance en distance, sur les deux côtés du chemin, des piliers élevés en forme de jalons pour indiquer la route aux voyageurs. » Celle que suivit la caravane, après le passage de la rivière, côtoie pendant quelque temps l'étang ou lac d'Albufera, au sud de Valence, après quoi elle aboutit au village de Masanasa, où commence la magnifique avenue qui conduit à la ville à travers la plus superbe campagne qu'il soit possible de voir. Tout ce que les Mille et une Nuits contiennent de descriptions fantastiques, riantes ou gracieuses, se trouve réellement dans cette plaine si bien nommée *la huerta de Valencia.*

D. Lopez jouissait de l'étonnement croissant de Gustave, qui finit par se plaindre que ses yeux ne pouvaient suffire à tout embrasser, à tout voir. On était alors au mois d'août, à cette époque où la verdure jaunit, où l'herbe des prés se dessèche, et l'on pouvait se croire au mois de mai. Sur les deux côtés de la route sont des champs verdoyants et fleuris, des bosquets d'arbres fruitiers, des haies d'orangers et de grenadiers. De nombreux ruisseaux répandent de tous côtés la fraîcheur et la fécondité ; le nombre des maisons de campagne est immense ; des villages dispersés au loin forment le fond du tableau. « Il faut voir Valence, s'écria Gustave, pour croire à la possibilité de tant de merveilles ; c'est sans doute un séjour enchanté. Oh ! si je devais habiter l'Espagne, ce serait Valence que je choisirais.

— Si vous passiez ici le mois de janvier, dit alors D. Lopez en riant, votre surprise serait bien plus grande, je dirai même plus légitime. Vous vous y promèneriez à l'ombre des orangers en fleur, et vous y cueilleriez des fraises en plein champ. »

L'affaire qui attirait D. Lopez à Valence était le partage d'une succession qui s'était ouverte en faveur de son frère et de lui d'une part, et des parents de la ligne maternelle du défunt d'autre part. Comme la succession était assez considérable, la présence de tous les intéressés était nécessaire, et ce ne fut pas sans peine que D. Lopez dut renoncer au projet qu'il avait eu d'abord d'accompagner nos deux voyageurs jusqu'à leur rentrée en France; du moins il ne voulut pas se séparer d'eux tant qu'ils resteraient à Valence, et il les força d'accepter un logement chez son frère.

Valence est une grande et belle ville, bâtie sur le Guadalaviar, qu'on traverse sur cinq ponts. C'est la résidence d'un capitaine général ou gouverneur, d'un archevêque et de l'audience royale. Les Valenciens sont industrieux et aiment l'instruction; aussi possèdent-ils un grand nombre d'établissements industriels et d'établissements littéraires. Le commerce de la librairie y est très-étendu, et son université est aujourd'hui la plus fréquentée de toute l'Espagne. Il y avait deux bibliothèques publiques; en 1812 elles furent brûlées; mais depuis ce moment on a travaillé sans relâche à les recomposer. La cathédrale est regardée comme l'une des plus belles églises de l'Espagne; les révolutions et la guerre étrangère en ont respecté le maître-autel, qui est en argent. La Douane et la Bourse sont deux beaux édifices; celle-ci est d'architecture gothique. La place Santo-Domingo, autrefois très-irrégulière, a beaucoup gagné à l'occupation des Français. Plus de trois cents maisons ont été démolies, et la place, considérablement agrandie, est devenue une très-belle promenade plantée d'orangers et de citronniers, et ornée de statues de marbre. Le mail et l'Alamède, plantés de peupliers, sont aussi de belles promenades. Cette dernière se prolonge jusqu'au Grau (prononcez *Cra-ou*), bourgade de cinq mille âmes, avec une rade qui sert de port à Valence. Cette rade n'est pas bien sûre. On travaille depuis plus de quarante ans à d'immenses jetées, et les travaux, poussés d'abord avec beaucoup de vigueur, interrompus ensuite par la guerre, ont été repris depuis quelques années; mais comme la plage est toute découverte, et qu'il est souvent arrivé qu'un coup de mer a détruit l'ouvrage de plusieurs semaines, il est douteux qu'on parvienne jamais à maîtriser les vagues.

Valence fut une des premières grandes villes que les Arabes conquirent; soumise aux califes de Cordoue tant que le califat eut quelque force, elle eut, à la chute de Cordoue, des émirs particuliers. Le fameux Cid (Rodrigue de Bivar), à qui Alphonse VI ne pardonna jamais de l'avoir contraint à se justifier par serment de l'imputation du meurtre de son frère, se rendit maître de cette belle ville, qui, après sa mort, retomba au pouvoir des musulmans. Elle fut conquise plus tard par les rois d'Aragon, de même que toute la province.

Le lendemain de leur arrivée, nos voyageurs firent une excursion à Bourjasot, à une lieue de Valence; ce lieu fut ainsi nommé par les Arabes à cause d'une tour qui s'élevait au milieu de la forêt d'yeuses qui est auprès du village; cette tour est aujourd'hui remplacée par un très-beau palais de l'archevêque.

Dans les jardins qui embellissent cette demeure, on remarque une yeuse qui, par sa grosseur, son âge et l'étendue de ses branches, passe à juste titre pour une des merveilles du pays. On y compte quatorze branches principales sortant du tronc, dont chacune formerait seule un grand arbre. Ces branches, toutes chargées de feuillage, couvrent un espace circulaire de deux cents pieds au moins de diamètre. On a élevé par-dessous de gros piliers de maçonnerie pour les soutenir. On sait que l'yeuse de Valence est une espèce de chêne dont le gland est doux et bon à manger; rôti, il a le goût des meilleurs marrons. Non loin du village on voit beaucoup d'excavations dans le roc; on dit qu'elles sont l'ouvrage des Romains, qui s'en servaient pour y enfermer des grains. Les naturels les appellent *silos* ou *sitjas*. On assure que le blé peut s'y conserver plusieurs années sans altération; toutefois, comme l'usage des sitjas est encore très-commun chez les Maures, il est à présumer que ce furent les Maures et non les Romains, qui creusèrent les sitjas de Bourjasot.

M. Germon et Gustave passèrent huit jours à Valence, d'où ils emportèrent les plus doux souvenirs. Ils avaient reçu de la famille de D. Lopez l'accueil le plus amical, et D. Lopez lui-même avait épuisé, pour plaire à ses hôtes, tout ce que l'affection la plus vive avait pu lui inspirer de procédés délicats. Quand ils se séparèrent de lui, ce fut avec un profond sentiment de regret mutuel. D. Lopez, que son humeur voyageuse n'abandonnait pas, quoiqu'elle fût momentanément entravée, leur dit qu'il comptait bien les revoir un jour, son intention étant de parcourir la France et de commencer sa tournée par Lyon.

Nos voyageurs partirent de Valence avant le lever du soleil, afin de pouvoir, ce premier jour, arriver dans le voisinage d'Almanza. Ils revirent le beau village de Masanasa, et au moment où le soleil commençait à paraître sur l'horizon, ils se trouvèrent à l'entrée du vallon par lequel on sort de la plaine de Valence pour s'enfoncer dans les montagnes. Gustave voulut s'arrêter un moment pour jeter un dernier coup d'œil sur cette huerta si justement vantée, à laquelle on ne saurait rien comparer. Bientôt après on arriva au pont d'Alberique sur le Xucar : ce pont, nouvellement construit, est précédé et suivi d'une large et belle chaussée qui, élevant le chemin, l'empêche d'être inondé, comme cela avait lieu à la moindre crue. Au delà du pont, la vallée se prolonge sur un espace de deux lieues, jusqu'à une montagne sur laquelle le chemin gravit en serpentant, pour redescendre ensuite jusqu'à la *venta del Rey*, où le conducteur leur conseilla de s'arrêter pour dîner.

La *venta del Rey* est une superbe hôtellerie toute bâtie en pierres de taille, et offrant dans son intérieur de vastes compartiments et des appartements plutôt spacieux que commodes. Elle fut construite en 1786 par ordre du gouvernement. Les voyageurs y affluent, parce qu'on y est assez bien. Ce fut là que, pour la première fois, Gustave vit préparer le mets favori des Valenciens. On met un peu d'huile et d'eau dans une poêle avec quelques morceaux de viande à demi cuite, on y ajoute du riz crû, une poignée de safran; on place la poêle sur un feu vif, et au bout d'une demi-heure on sert. Le riz n'est pas encore cuit, mais c'est ainsi que les Valenciens l'aiment.

En sortant de l'hôtellerie, la route se dirige à l'ouest entre deux chaînes de montagnes qui forment un large vallon qu'animent plusieurs villages. Les flancs de la montagne à droite et à gauche sont tout couverts d'arbres, surtout d'oliviers, de figuiers et de caroubiers. Le fruit du caroubier, assez semblable à la fève, fournit aux bestiaux une excellente nourriture. Nos voyageurs s'arrêtèrent au pied de la montagne qui forme la frontière du royaume de Valence : c'est le fameux *puerto de Amanza*. On leur offrit des pierres d'*Ayora*, village peu éloigné. Ces pierres ont la forme d'un œuf; dans le pays, on les appelle *marcassites*; elles ont l'apparence d'un morceau de charbon roulé dans la poudre d'or. On en fait, par la taille, d'excellentes pierres à fusil. Quand on les bat avec le briquet, elles donnent presque autant d'étincelles qu'un morceau de fer rouge battu sur l'enclume. Sur une montagne voisine de la mine des marcassites, on voit beaucoup de ruines qui par leur forme indiquent des constructions romaines. On y remarque les restes d'un mur d'enceinte haut de dix-huit pieds, des excavations dans le roc, et une tour immense à moitié ruinée.

M. Germon et Gustave franchirent le lendemain de

très-bonne heure le col d'Almanza. Sur le plus haut point de ce passage, on a construit une bonne hôtellerie; ils y laissèrent reprendre haleine à leurs montures. De là, jetant les yeux autour d'eux, ils aperçurent un peu au-dessous du col un grand plateau découvert, coupé de distance en distance de collines sans verdure. Au pied d'une de ces collines ils distinguèrent très-bien Almanza, petite ville de cinq à six mille âmes. Sur le sommet de la colline est un vieux château en ruine. Vers la droite, au delà d'Almanza, est la plaine fameuse où se livra la grande bataille qui affermit sur le front de Philippe V (1707) la couronne d'Espagne et des Indes. Le duc de Berwick commandait l'armée franco-espagnole, et les troupes anglo-autrichiennes de l'archiduc furent complétement battues. En s'approchant d'Almanza, nos voyageurs virent sur la route une espèce d'obélisque dont la base est couverte d'inscriptions qui rappellent la victoire du duc de Berwick. Ce monument est déjà très-dégradé; on l'avait construit d'une pierre si tendre et qui s'altère si aisément, que cinquante ans après son érection il avait déjà les caractères de la vétusté.

Douze grandes lieues d'un sol pierreux et aride séparent Almanza d'Albacete. On aperçoit à peine dans ce long trajet quelques chênes rabougris, dont le triste feuillage semble dire que la nature ne les a produits qu'à regret. Avant d'arriver à Albacete on voit la ville de Chinchilla, peuplée de onze mille âmes. On y fait quelque commerce. Albacete ne compte guère que six à sept mille habitants; mais sa population tend à s'accroître rapidement. En 1805, on commença de creuser un canal de dessèchement pour opérer l'écoulement des eaux des marais qui s'étendaient à l'ouest, et d'où s'exhalaient constamment des vapeurs malsaines. Des épidémies périodiques décimaient tous les ans la population d'Albacete. Cet inconvénient a heureusement cessé; les eaux coulent par plusieurs canaux de décharge dans le canal principal, qui va se dégorger de lui-même dans le Xucar, après un cours de cinq à six lieues. Quand Gustave y passa, on travaillait à rendre ce canal navigable. Albacete a un grand nombre d'ateliers de coutellerie et d'armes blanches très-estimées; mais on prétend que son principal commerce consiste dans la vente du safran qu'on y cultive; il se fait en Espagne une grande consommation de cette denrée.

En sortant du misérable village de la Ginetta, à deux grandes lieues d'Albacete, on entre dans la province de Cuença, d'où l'on sort au-dessous de la *Mota del Cuervo*, qui appartient à la province de la Manche, fameuse par ses bons vins et immortalisée par Cervantès, qui plaça dans un de ses villages le berceau de Don Quichotte. L'une et l'autre de ces provinces font partie de la Castille-Nouvelle: c'est un des pays les plus tristes et les plus mal cultivés de l'Espagne. Dans la première, et sur une étendue commune de quarante lieues sur trente (lieues d'Espagne), on ne trouve que de pauvres villages: la ville de Cuença, chef-lieu de la province, compte à peine neuf mille habitants. Dans la seconde, la nature a été un peu plus libérale: elle a fait croître la vigne; mais les habitants, *Manchegos*, manquent d'industrie et d'activité. Leur capitale, Ciudad-Real, moins peuplée encore que Cuença, ne doit quelque célébrité qu'à la grande foire d'ânes et de mulets qui s'y tient tous les ans, et à laquelle ne manquent pas de se rendre les gitanos de l'Andalousie et de la Catalogne.

Une très-belle route, à travers des plaines arides, où l'on n'aperçoit que deux ou trois misérables hameaux, conduit, au bout d'une pénible marche de douze heures, au village de *El Provincio*, où la petite rivière de Zancara, qui baigne le pied de ses maisons, produit quelque verdure. Le lendemain matin nos voyageurs arrivèrent à la *mota del Cuerva.* Ils se trouvaient dans la contrée à jamais célèbre où Don Quichotte fit ses plus grands exploits. Ce fut là, dans cette auberge, qu'eut lieu la veille des armes; à droite est le coteau couronné de moulins à vent. On croit assister au combat du héros contre le géant Briarée. Plus loin, sur la gauche, on aperçoit le clocher du Toboso; toute cette montagne est pleine de souvenirs, grâce à la riante imagination de Cervantès. Jamais l'intérêt qui peut naître d'une fiction n'a mieux ressemblé à celui qu'inspire la réalité. Ce qu'il y a de plus extraordinaire, c'est qu'en traversant cette contrée il n'est pas rare de trouver des gens qui soutiennent de bonne foi que Don Quichotte a existé, et que le fond de ses aventures est vrai. L'aubergiste de la *mota* était de ce nombre, et sa crédule et plaisante bonhomie amusa passablement Gustave.

Les deux journées suivantes n'offrirent aucun intérêt à nos voyageurs. Après la *mora* et Quintanar, dernier village de la Manche, on trouve Corral-de-Almaguer, petite ville à demi ruinée, peuplée d'environ quatre mille âmes; elle est au milieu d'une plaine qu'arrose la rivière de Riançarès; mais ses habitants ne savent point tirer parti de cette position. Viennent ensuite d'interminables landes, où de loin en loin on voit paraître quelques bosquets de chênes verts. Près d'Ocana, on traverse des plantations considérables d'oliviers. Au delà de ces arbres est une plaine fertile en grains, mais tout à fait dénuée d'ombrage; rien n'y garantit des ardeurs du soleil.

D'Ocana à Madrid on ne trouve qu'Aranjuez, que Gustave connaissait déjà. La saison était d'ailleurs peu propre à voir ce lieu si riant, si délicieux au printemps. Il était tout couvert d'épais brouillards, sous lesquels on respirait une atmosphère humide de trente degrés. Nos voyageurs se hâtèrent d'en sortir.

La vue de cette résidence royale amena la conversation sur les habitudes de l'ancienne cour d'Espagne, et M. Germon prononça le nom du prince de la Paix. « J'entends souvent citer ce personnage, dit Gustave, et je ne connais pas exactement toutes les circonstances de sa vie agitée; seriez-vous assez bon pour m'instruire sur ce sujet?

— Volontiers, répondit le mentor de notre jeune touriste. D. Manuel Godoy était issu d'une famille obscure, quoi qu'en disent les généalogistes qui, lorsqu'il fut parvenu au faîte des grandeurs, s'efforcèrent de prouver qu'il descendait des rois goths. Simple garde du corps, il sut séduire ses maîtres par ses avantages personnels et son remarquable talent comme joueur de guitare; bientôt on le vit, comblé de biens et de titres, monter rapidement aux postes les plus élevés. Porté au ministère, il devint le dispensateur des grâces, et il employa tout son crédit à se faire des créatures. Le roi, qui avait conçu pour lui l'affection la plus vive, ne faisait rien que par son conseil. Dès cet instant, tout le monde fléchit le genou devant cette idole de la fortune. Les grands d'Espagne eux-mêmes, dévorant leur haine impuissante, plièrent en sa présence. Quelques-uns portèrent même si loin l'abaissement, qu'on en a vu lui servir d'écuyer quand il montait à cheval et lui tenir l'étrier. Enivré de sa grandeur, il méprisa des hommes ainsi avilis, et il brava jusqu'au prince de Parme, qui s'était mis à la tête du parti antiministériel. Celui-ci voulait la continuation de la guerre; mais l'ascendant de Godoy sur l'esprit du roi le fit triompher aisément de ses adversaires. Après la signature de la paix, le roi voulut lui donner les marques de sa satisfaction; il le créa prince, et lui fit porter le nom de cette paix qui était son ouvrage.

Tout alors retentit des louanges du favori, et l'adulation le signala comme le libérateur de la patrie. Cependant la reine retira à Godoy sa bienveillance et voulut le perdre même dans l'esprit du roi; elle s'unit au prince de Parme et à ce qu'on appelait le parti anglais; mais plus le nombre des ennemis de Godoy augmentait, plus il acquérait de puissance; l'amitié du roi était si forte et si aveugle, qu'il voulut l'élever au plus haut rang et le placer au-dessus des plus grands seigneurs de l'Espagne. Il créa d'abord pour lui l'emploi de généralissime des armées de terre et de mer; puis il le fit entrer dans sa propre famille en lui donnant pour épouse la fille de l'infant D. Louis (1), marié secrètement avec la comtesse d'Arenas, dame d'honneur de la reine mère. De ce mariage étaient nés trois enfants, un fils qui fut destiné à l'état ecclésiastique, et deux filles qu'on enferma dans un monastère de Tolède, en attendant qu'elles eussent l'âge nécessaire pour prononcer des vœux. L'une d'elles devint princesse de la Paix, l'autre fut rétablie dans les droits d'infante d'Espagne, et le jeune prince fut pourvu de l'archevêché de Tolède. Cependant au bout de quelques mois la faction anglaise parvint à ébranler l'esprit du monarque; on lui montra son trône en danger s'il n'éloignait pas Godoy du ministère. On lui fit peur de la populace, de l'armée, de la noblesse; mais il ne signa l'ordonnance de renvoi que les larmes aux

(1) Ce prince était frère de Charles III et oncle de Charles IV.

yeux. On dit que Godoy avait tenté de détourner l'orage en s'allant jeter aux pieds de la reine; mais le prince de Parme et ses amis avaient si bien pris leurs mesures, qu'il ne put jamais la trouver seule, ni même réussir à lui parler.

« Suivant une autre version, ce serait le Directoire français qui aurait forcé Charles IV à disgracier son ministre. Quoi qu'il en soit, lorsque Godoy eut quitté la direction des affaires, le roi ne lui conserva pas moins son affection et sa confiance, et il le dédommagea par de nouveaux honneurs; il lui permit même plus tard d'avoir une compagnie nombreuse de gardes du corps; de sorte qu'en dernier résultat les habitants de Madrid, qui avaient célébré par des fêtes la chute du prince, n'eurent qu'une fausse et courte joie.

« Plus tard, le prince de la Paix traita secrètement avec Bonaparte, premier consul, qui lui montrait en perspective le petit royaume des Algarves. Le prince, trompé dans ses espérances, se détacha du parti français, sans pour cela se rapprocher du parti anglais; il voulait élever entre ces deux partis le parti national, le parti espagnol, et la nation, prévenue contre lui, ne lui en tenait pas compte. Les uns voulaient qu'on s'unît étroitement à la France et qu'on fît cause commune avec l'homme qui paraissait avoir la victoire à ses ordres; les autres voulaient qu'on s'appuyât sur l'Angleterre, et le prince des Asturies, Ferdinand, qui aspirait à la couronne assez ouvertement, s'était lié avec eux. Sa femme, qui était Napolitaine, faisait savoir très-exactement à la reine de Naples tout ce qui se passait à Madrid, et la reine de Naples instruisait à son tour le ministre Pitt de tout ce qu'elle avait appris. Pitt, ainsi informé, jugea qu'il valait mieux pour l'Angleterre avoir l'Espagne pour ennemie que pour alliée, et il s'empara sur toutes les mers des vaisseaux espagnols avant toute déclaration de guerre. Le prince de la Paix ne voulait ni des Anglais ni des Français ; il faisait un appel aux Espagnols fidèles par des proclamations énergiques ; et la reine, trop justement irritée contre son fils, se rapprocha de son ancien favori. Ce rapprochement d'un côté et la bataille de Trafalgar, où s'engloutit sous les boulets anglais tout ce qui restait de la marine espagnole, firent naître de nouveaux intérêts. Toute la nation poussa des cris de vengeance et de guerre contre le gouvernement anglais ; d'un autre côté, l'ambassadeur de France fit entrevoir à Ferdinand, qui venait de perdre sa femme, la possibilité d'une alliance avec la nouvelle famille impériale de France, et celui-ci donna complétement dans ce projet. Quant au prince de la Paix, il se laissa gagner par l'offre qui lui fut faite pour la seconde fois des Algarves et de l'Alantejo, comme d'une principauté indépendante. Un traité secret fut même conclu à Fontainebleau à la fin de 1807, et, par ce traité, il était question de partager le Portugal, de faire des provinces du Nord, sous le nom de Lusitanie, un nouveau royaume pour le roi d'Étrurie, et de composer du reste l'apanage du prince de la Paix; le roi d'Espagne devait recevoir le titre d'empereur des deux Amériques.

« Godoy triomphait: les troupes françaises entraient dans la Péninsule; les places fortes, surprises, tombaient dans leurs mains; le Portugal était envahi; dès le mois de mars 1808, plus de cent mille hommes d'excellentes troupes occupaient tous les points importants; les Espagnols clairvoyants ne se trompaient guère sur les projets ultérieurs de Napoléon; Charles IV lui-même ne s'y trompait pas, et Godoy, qui voyait s'évanouir les rêves de grandeur dont il s'était bercé, conseilla au roi et à la reine de partir pour l'Amérique. Ce projet transpira, et l'agitation devint générale; ce fut en vain que le roi fit publier qu'il n'allait qu'à Séville: l'ambassadeur de France blâma hautement le voyage, et le parti de Ferdinand se mit d'accord avec le parti français. La fermentation devint si grande, qu'il était facile de prévoir une explosion prochaine. Le 17 mars, la populace, à laquelle s'étaient mêlés beaucoup de soldats, se porta au palais de Godoy, et commit d'horribles dégâts; mais elle ne trouva point celui qu'elle cherchait; on publia qu'il s'était sauvé par une issue secrète.

« Le lendemain le roi le destitua de ses emplois de généralissime, de grand amiral, de colonel général des Suisses, etc.; c'était une concession à la peur. Le peuple parut satisfait: toutefois l'effervescence des esprits était loin d'être calmée, et sur l'avis que de faux serviteurs de Godoy donnèrent aux mutins que Godoy était rentré dans son palais, ils s'y transportèrent de nouveau, et finirent par le découvrir. Ils l'auraient immolé si quelques officiers français réunis aux gardes du corps ne l'eussent protégé contre leur fureur. Ferdinand se rendit en personne sur le théâtre du désordre, et les mutins se retirèrent à sa voix. Le 19, le roi abdiqua la couronne ; le peuple de Madrid en reçut la nouvelle avec une joie frénétique, et Ferdinand fut proclamé immédiatement.

« Tous ces événements avaient eu lieu à Aranjuez. Ferdinand arriva le 24 à Madrid, et Murat, qui venait d'y entrer avec un corps de troupes et le titre de général en chef, affecta de traiter le nouveau souverain avec fort peu d'égards ; Napoléon, de son côté, forma le dessein de saisir l'Espagne pour son propre compte. Vous savez ce qui s'est passé depuis. »

Nos voyageurs arrivèrent le soir à Madrid, et pour cette fois ils ne s'y arrêtèrent pas. Tout en cheminant la veille, ils avaient discuté un plan de voyage pour le peu de temps qu'ils avaient encore à passer en Espagne, et ils avaient décidé qu'ils se rendraient à Valladolid, d'où ils reviendraient par Aranda-de-Duero, et que, cette excursion faite, ils prendraient congé de Madrid, se porteraient vers la Galice en traversant le Léon, et rentreraient en France par Bayonne, en passant par les Asturies et la Biscaye.

Les mulets et leur infatigable conducteur furent encore du voyage. Le départ eut lieu à cinq heures du matin; vers les dix heures on laissait l'Escurial à gauche et l'on arrivait au village de Guadarama, au pied de la chaîne fameuse qui porte ce nom, et dont la plus haute cime, le *cerro de Gredos*, dans la province de Salamanque, s'élève à seize cent cinquante toises. Tout le pays était couvert de forêts de pins, dont la verdure sombre et lugubre semble inviter au recueillement. Ce n'est que par trois grandes heures de marche que, montant toujours par une superbe route, on arrive au point culminant du *puerto* ou passage de Guadarama. Nos voyageurs y remarquèrent le monument élevé à la mémoire de Ferdinand VI : c'est une colonne de marbre surmontée d'un lion : une inscription latine annonce que ce fut en 1749 que ce prince ouvrit cette route entre les deux Castilles.

Du pied de la colonne on découvre une grande étendue de pays. Nos voyageurs s'y arrêtèrent une demi-heure afin de laisser reposer leurs montures; ils profitèrent de ce temps pour jouir du coup d'œil magnifique qu'offrent les deux provinces. On est là à une si grande hauteur (plus de mille toises), que, si l'on ne savait qu'on se trouve au milieu d'un pays montueux, on se croirait au centre d'une vaste plaine coupée seulement de légères aspérités. Au bout d'une grande heure, on arriva à la *vanta de Guadarama*. Cette hôtellerie, construite depuis un demi-siècle aux frais du village voisin d'Espinar, est entretenue par les habitants.

Seize lieues séparent Espinar d'Olmédo. La route

traverse beaucoup de plateaux arides et nus ; ce n'est qu'aux environs des villages, et les villages sont en bien petit nombre, qu'on trouve quelques signes de végétation. La ville même d'Olmédo s'élève sur une éminence au milieu d'un plateau rocailleux, sans arbres et sans verdure. La vieille enceinte d'Olmédo, qui compte à peine deux mille habitants, a laissé des traces qu'on trouve encore à une demi-lieue de la ville. D'Olmédo à Valladolid, éloignée de huit lieues, le pays n'est pas plus beau que celui qu'on vient de traverser; on voit seulement quelques arbres sur les bords de la petite rivière d'Adaja, qu'on passe deux fois sur deux beaux ponts de pierres.

Avant d'arriver à Valladolid, on laisse derrière soi un grand bois de pins; à l'issue de ce bois on entre dans une plaine que bordent au loin des collines calcaires aplaties par leur sommet. C'est au centre de cette plaine, entre la Pisuerga et l'Esgueva, que Valladolid s'élève avec ses nombreux clochers. Le terrain paraît bon, mais l'agriculture y est très-négligée, et l'on y recueille à peine ce qui est nécessaire à la consommation des habitants, dont le nombre excédait cent mille au temps de Philippe II, et qui n'est aujourd'hui que de vingt et un mille. De tous les monuments qui attestent sa grandeur, il ne lui reste guère que ses édifices sacrés, qui à la vérité sont fort nombreux. Les rues sont sales et bourbeuses, beaucoup de maisons tombent en ruine, plusieurs quartiers sont déserts; ses promenades, dont l'une est dans la ville, sur le bord de l'Esgueva, sont tristes et peu fréquentées. La grande place est ornée de portiques dont les colonnes sont en granit. Le château royal, berceau de Philippe II, et surtout la cathédrale, méritent d'être visités par les étrangers. L'université, quoique bien déchue, est encore la seconde de l'Espagne par le nombre des étudiants : la première est celle de Valence.

Valladolid est le siége de la chancellerie royale, qui étend sa juridiction sur plusieurs provinces des deux Castilles; c'est aussi la résidence du capitaine général de la Vieille-Castille, quoique Burgos ait toujours passé pour capitale de ce royaume. A une grande lieue de Valladolid on trouve la très-petite ville de Simancas, qui n'a pas douze cents habitants, mais qui possède le vaste bâtiment où se conservent les archives générales de la Castille. Il n'y a peut-être pas en Europe d'aussi vaste dépôt de documents de ce genre distribués et classés avec autant d'ordre et d'intelligence. On y garde aussi beaucoup de titres relatifs à l'administration des Espagnols en Italie, en Portugal et en Flandre.

De Valladolid, dont Gustave ne regretta pas le séjour, on gagna la ville de Palencia. M. Germon voulut bien, en faveur de l'insatiable curiosité de Gustave, ajouter quelque chose à son premier plan. Palencia est remarquable par sa superbe cathédrale, l'une des plus remarquables de l'Espagne; la campagne des environs est belle et bien cultivée; la ville a onze mille habitants. Après Palencia on vit Burgos.

grande ville très-peu peuplée, irrégulièrement bâtie sur une colline sur le bord de l'Arlanzon. Elle n'a ni fabriques, ni industrie, ni commerce; mais nos voyageurs virent avec plaisir sa vaste cathédrale, le palais de l'archevêque, les restes de la maison du Cid Campeador. Ils allèrent visiter ensuite hors de la ville les ruines du palais d'Alphonse X, que mal à propos on appelle *le Sage*, mais qu'il faut appeler *le Savant;* le mot *sabio* signifiant également sage et savant, c'est par les circonstances qu'il faut déterminer le sens à donner à cette épithète; or Alphonse passa dans son temps pour savant, mais il ne fut rien moins que sage. On leur fit voir aussi un vieux monument qu'on leur dit être le tombeau du Cid; il est fort douteux néanmoins que les restes du Cid, qui mourut à Valence, aient été transportés à Burgos.

En sortant de Burgos, nos voyageurs se dirigèrent à l'est. Ils négligèrent Logrono et Colahorra, pour se porter directement vers Soria. M. Germon connaissait très-bien toute la partie septentrionale de l'Espagne; il se chargea de donner à Gustave tous les renseignements qu'il ne pourrait acquérir par lui-même. « Logrono, lui dit-il, ville de huit mille âmes, sur la rive droite de l'Èbre, n'est guère remarquable que par sa foire, où se rendent beaucoup de petits marchands. Calahorra, qui, bien que ville épiscopale, n'a pas quatre mille habitants, ne peut montrer que des ruines qui attestent son ancienne grandeur; ses environs n'ont pas cessé d'être fertiles: les mœurs seules ont changé.

« Il y a vingt-cinq lieues de Burgos à Soria, et le chemin devient difficile et dangereux dans les montagnes. Tout le pays qu'on traverse produit beaucoup de grains; mieux cultivé, il donnerait toutes sortes de fruits. Les montagnes sont bien boisées, la plaine est partout nue. Les naturels prétendent qu'on ne peut faire venir les arbres à cause de la trop grande humidité du sol, où, malgré la sécheresse du climat, l'eau se trouve à deux à trois pieds de profondeur. A mesure que l'on approche de Soria, la campagne devient plus riante. A gauche est une chaîne de montagnes, à droite on découvre de temps en temps dans le lointain les rivages verdoyants du Duero. Soria est une petite ville de cinq à six mille âmes; elle fait un grand commerce de laines; les habitants y vivent dans l'aisance, et leur ville s'en ressent, c'est une des plus agréables de la Castille. »

A une lieue de la ville s'élève une haute colline, dont le sommet porte encore de vénérables ruines. M. Germon et Gustave y montèrent. Ce dernier regardait autour de lui, et, n'apercevant que des débris d'un ancien mur d'enceinte et dans le lointain un troupeau qui paissait au milieu des ruines, il ne comprenait pas trop pourquoi M. Germon l'avait conduit en ce lieu. M. Germon lisait dans ses yeux son embarras et sa curiosité. « Mon ami, lui dit-il, vous êtes à Numance. Vous savez que, pleins d'amour pour la liberté de leur patrie, les Numantins refusèrent de porter le joug de Rome. Au bout de quatorze ans d'une guerre cruelle, les Romains réduisirent leur ville en cendre, mais ils ne la subjuguèrent point.

« Les Numantins périrent tous avec leur patrie, mais ils avaient souvent jonché son sol des cadavres de leurs ennemis. Après avoir forcé Pompée à une retraite peu glorieuse, et défait les légions romaines qui s'avançaient sous le commandement de Popilius Lœna, ils remportèrent une grande victoire sur le consul Hostilius Mancinus, qui accourait pour le venger. Mancinus demanda et obtint la paix; mais le sénat, qui avait refusé de ratifier les conventions faites par Pompée, refusa aussi de ratifier le traité de Mancinus. Pour colorer ce manque de foi par un acte apparent de justice, le sénat envoya ce général aux Numantins, qui, plus généreux, ne voulurent pas recevoir le malheureux proscrit. La triste gloire de détruire Numance était réservée à Scipion Émilien, qui, suivi de soixante mille hommes, se contenta d'investir étroitement la ville, et qui, pour se mettre à l'abri des sorties des Numantins, éleva autour de son camp des retranchements formidables. Pressés par la faim, les Numantins demandèrent la paix; Émilien exigea qu'ils se rendissent à discrétion. Ils demandèrent alors une bataille dans la plaine; Émilien répondit qu'il n'exposerait pas mal à propos la vie d'un de ses soldats, et qu'il attendrait les événements derrière ses retranchements. Cette double réponse jeta les Numantins dans le désespoir; ils sortirent tous de la ville et s'élancèrent en furieux contre les retranchements; beaucoup d'entre eux périrent, ce furent les plus heureux; les autres, repoussés dans la ville, allèrent subir encore quelque temps toutes les horreurs de leur position. A la fin, ne pouvant plus la supporter et n'en pouvant sortir que par la mort, ils cherchèrent tous les moyens de s'ôter la vie. Les uns s'empoisonnèrent ou se percèrent de leurs épées; d'autres mirent le feu à leurs maisons, et se précipitèrent vivants au milieu des flammes. Quelques-uns se rendaient sur la grande place et engageaient deux à deux un combat à mort. Le vainqueur attendait un autre adversaire, et continuait à combattre jusqu'à ce qu'il succombât lui-même. Un bûcher immense brûlait au milieu de la place; on y jetait les cadavres des vaincus. Leurs parents, leurs amis se précipitaient dans les flammes. Les femmes, les enfants ne furent pas épargnés. Quand les Romains entrèrent dans Numance, ils n'y trouvèrent pas une seule créature vivante (132-130 avant Jésus-Christ). »

Les ruines de Numance sont à peine apparentes : quelque pan de muraille à moitié enfoui, quelque bloc de pierre qu'à sa forme on devine avoir fait partie d'un édifice, quelque tronçon de colonne rongé par le temps, des tables de pierre sillonnées par les orages, où l'on aperçoit des lettres que le temps n'a pas encore effacées; voilà tout ce qu'on remarque à travers les ronces qui occupent l'emplacement de Numance. Au milieu de ce champ de désolation, un pâtre avait bâti son humble cabane.

Après avoir passé à Soria un jour entier, nos

voyageurs se remirent en route pour regagner Madrid, où ils arrivèrent le quatrième jour. Olma, Aranda, où l'on passe le Duero, ne sont que des villes de médiocre importance, qui n'offrent rien de remarquable ni dans leurs monuments, ni dans leur industrie, ni dans le sol sur lequel elles s'élèvent; mais il n'en est pas de même de Ségovie, ville très-ancienne, qui fut embellie par les Romains et plus tard par les émirs arabes. Gustave vit avec plaisir son superbe aqueduc, dont on attribue la construction à Trajan, et qui est parfaitement conservé; l'Alcazar ou résidence des émirs, sa vaste cathédrale, son hôtel des Monnaies, de même que l'École royale militaire, sont de beaux établissements sous le rapport de l'utilité publique; cette ville possède aussi plusieurs manufactures de draps et de lainages, les produits en sont très-estimés. On y compte treize mille habitants.

CHAPITRE XV

Avila. — Salamanque. — Orense. — Compostelle. — La Corogne.

Aussitôt après leur arrivée à Madrid, M. Germon s'occupa des préparatifs de départ. On entrait déjà dans le mois de septembre, et M. Delmas, sans vouloir presser le retour de son neveu, laissait trop voir qu'il le désirait, pour que Gustave lui-même ne se prêtât pas de bonne grâce à ce qu'on exigeait de lui. Il fut donc décidé qu'on partirait dans quatre jours, et comme M. Germon prévoyait qu'en traversant la Galice et surtout les Asturies et la Biscaye, on aurait beaucoup de mauvais chemin à faire, beaucoup de montagnes à escalader, il proposa au neveu de son ami de continuer leur voyage à cheval; ce que ce dernier accepta de grand cœur. Un nouveau marché fut donc fait avec le loueur de mulets, qui leur proposa des animaux frais et reposés. Mais M. Germon et Gustave se dirent très-satisfaits de leurs montures, auxquelles trois à quatre jours de repos avaient rendu toute leur vigueur, et ils n'en voulurent pas d'autres.

On mit deux jours pour gagner Avila. Cette ville, l'une des principales de la Vieille-Castille, bien qu'elle n'ait que quatre mille habitants, est située au delà de la chaîne de Guadanama, dans un vaste bassin qu'arrose la rivière d'Adaja. La plaine d'Avila est agréable et bien cultivée; on y voit beaucoup d'arbres fruitiers. La ville a une manufacture de draps dont les produits rivalisent avec ceux de Ségovie, et une manufacture royale de toiles de coton.

Au delà d'Avila la vallée s'élargit encore et laisse découvrir plusieurs villages situés non loin de la route; le côté gauche offre plusieurs aspects agréables. Avant d'arriver à Villatoro on aperçoit du côté opposé, sur le sommet d'une haute montagne, un ancien couvent dont le clocher perce les nuages; la situation en est à la fois pittoresque et sauvage. Après Villatoro, les montagnes se rapprochent, et l'on se trouve insensiblement engagé dans une gorge qui aboutit à *las Casas del Puerto*, village bâti à une grande hauteur. De là on descend à Piedrahita, qui appartenait au duc d'Albe. Il y a un demi-siècle que le duc, alors possesseur de ce territoire, y fit bâtir une superbe maison de campagne qu'on aperçoit de la route. Sept lieues plus loin on arrive au chef-lieu des vastes possessions de cette maison, Alba-de-Tormes. Nos voyageurs y virent le château que fit construire le digne représentant de Philippe II dans les Pays-Bas. A peu de distance d'Alba on traverse la rivière de Tormes sur un beau pont de vingt-six arches; de là à Salamanque on n'a plus que trois heures de marche; la route traverse plusieurs bois de chênes. Nos voyageurs en remarquèrent quelques-uns dont les dimensions gigantesques semblaient dire qu'ils n'étaient pas moins anciens que le sol qui les nourrissait.

Cette ville de Salamanque, dont l'Espagne se glorifie avec raison, s'annonce de très-loin par ses nombreux clochers et les superbes pyramides qui couronnent ses édifices. Elle s'élève en amphithéâtre sur trois collines que la rivière de Tormes baigne de ses eaux. Elle est environnée de murailles qui forment une assez bonne enceinte. Au delà des murs on aperçoit des jardins, des bosquets, des maisons de campagne; dans l'éloignement on distingue plusieurs villages. Les bords de la rivière sont couverts d'arbres. Les dehors de la ville sont plus riants que l'intérieur, où l'on est presque toujours obligé de monter ou de descendre par des rues étroites et mal tenues. Sa cathédrale, d'architecture gothique, se recommande par la hardiesse de ses voûtes et son magnifique clocher. La grande place, bâtie il y a près d'un siècle, ressemble à l'intérieur du Palais-Royal à Paris. Elle est carrée, et ses côtés ont cinquante toises de longueur. Les maisons qui l'entourent sont toutes de hauteur égale. Un beau balcon en fer fait le pourtour de la place, à chacun des trois étages qu'ont les maisons. Le rez-de-chaussée forme une galerie qui reçoit le jour par quatre-vingt-dix arcades. Les toits, construits en terrasse, se terminent sur le devant par une balustrade en pierre. Aux voussures des arcades sont appliqués des médaillons en relief, représentant les traits de tous les grands hommes dont l'Espagne s'honore.

Cette ville possédait un si grand nombre d'édifices, que les Espagnols l'appelaient la petite Rome; mais pendant la guerre de l'indépendance on en a détruit une grande partie. On a laissé pourtant subsister plusieurs couvents, parmi lesquels on distingue celui des Carmélites *extra muros*, que les habitants regardent comme un diminutif de l'Escurial. Ce qui excite le plus d'intérêt à Salamanque, c'est l'université. Fondée en 1239, elle acquit en peu de temps beaucoup de célébrité, au point qu'elle devint la première de toute l'Espagne; aussi en est-il sorti une infinité d'hommes illustres en tous les genres. Le bâtiment qui la renferme est d'une vaste étendue. Sa construction remonte au XVe siècle. La porte principale est ornée des statues de Ferdinand et d'Isabelle. Cette université avait subi un grand nombre de modifications soit dans le mode de l'enseignement, soit dans la nature des connaissances qu'on y donne. On y comptait avant la révolution de 1808 jusqu'à soixante-une chaires et vingt-neuf colléges, parmi lesquels quatre portaient le titre de *colléges majeurs*. Le recteur de l'université étendait sa juridiction sur tous ces colléges; son pouvoir était fort grand. Le nombre des étudiants n'était pas moindre de quinze à seize mille. Tout cela a bien changé, et ce nombre a si fort diminué, que l'université de Salamanque n'occupe que le dixième rang parmi les quinze que possède l'Espagne.

Le pont sur lequel on traverse la rivière a vingt-sept arches ; il est de construction romaine, mais la moitié en fut restaurée ou même rebâtie sous Philippe V. A ce pont commenee la chaussée romaine qu'on appelle *la Plata*, et qui se prolonge jusqu'à Mérida ; on en voit encore des portions parfaitement conservées. Dans la vallée de Valmuza, on voit les restes d'une maison de plaisance romaine et des bains antiques. Les fouilles y ont fait découvrir beaucoup de mosaïques précieuses. La population de Salamanque n'est guère que de quinze mille âmes. La province dont cette ville est le chef-lieu renferme Ciudad-Rodrigo, petite ville de quatre à cinq mille âmes. Sa situation près des frontières du Portugal en a fait faire une place forte qui a été plusieurs fois prise et reprise dans la guerre de l'indépendance.

La ville de Zamora, au nord de Salamanque, est bâtie sur une hauteur qui domine le pays, et entourée de bonnes murailles. Le sol qui l'environne, arrosé par le Duero, est fertile en vins et en fruits, mais il produit peu de grains. On y voit d'excellents pâturages. Cette ville a joué un grand rôle pendant les guerres des Arabes et des chrétiens. Elle a été plusieurs fois saccagée et brûlée par les premiers, et toujours restaurée par les seconds. Elle fut l'apanage de l'infante Urraque, sœur d'Alphonse VI, et si connue sous le nom d'infante de Zamora.

Nos voyageurs se rendirent en trois jours de Zamora à Orense, dans la Galice, sur le Minho. C'est une petite ville ou plutôt un gros bourg, malgré son titre de ville épiscopale, d'environ cinq mille âmes de population. Orense a des bains d'eaux thermales renommés dans toute l'Espagne par les propriétés merveilleuse qu'on leur attribue. Ses jambons et ses chocolats partagent cette réputation; sa véritable merveille, c'est son pont sur le Minho, d'une seule arche et d'une construction très-hardie. L'eau coule à cent cinquante à deux cents pieds de profondeur.

« Je ne puis passer à Orense, dit M. Germon à Gustave, sans rendre un sincère hommage à l'ingénieuse charité de son prélat qui, à la fin du siècle dernier, trouva le moyen, avec trente mille livres de rente, de nourrir trois cents prêtres français déportés.

— Honneur à sa mémoire! s'écria Gustave, que le récit d'une belle action trouvait toujours sensible. Ah! s'il vivait encore, j'irais lui demander la permission d'embrasser ses genoux.

— S'il vivait encore, reprit M. Germon, il vous tendrait les bras. Je me souviens de l'avoir vu à l'époque de nos malheureuses guerres. Il était adoré des habitants, et les soldats français le respectèrent. »

Le lendemain on partit pour Sant-Yago (Saint-Jacques-de-Campostelle). « Nous laissons à notre droite, dit M. Germon, la ville de Pontevedra, d'environ cinq mille habitants, qui s'occupent de la pêche de la sardine. Au-dessous de Pontevedra est Vigo ; et au-dessous de Vigo, Tuy, ville épiscopale. Vigo, de même que Pontevedra, a un port assez bon ; Tuy est situé sur le Minho, non loin de son embouchure ; ce sont des villes commerçantes peuplées de six mille âmes. »

Sant-Yago, ou Saint-Jacques-de-Compostelle, est une assez grande ville, de vingt-cinq à trente mille habitants, siége d'un archevêché. M. Germon et Gustave allèrent voir sa cathédrale, rendez-vous des pèlerins de toutes les parties du monde chrétien. L'église est vaste et richement ornée ; elle se compose d'une église supérieure, dédiée à saint Jacques le Majeur, et d'une église inférieure ou souterraine, dédiée à saint Jacques le Mineur. Dans la première on compte vingt-trois chapelles. La plus élégante est celle du saint patron de l'église ; mais rien n'égale la magnificence de la chapelle des Reliques. Ici les écrivains espagnols semblent avoir pris plaisir à exagérer, et plusieurs écrivains français les ont imités. Les uns et les autres parlent de statues d'or massif, d'autels d'argent massif, de reliquaires incrustés de brillants et d'autres pierres précieuses. Mais il y a là beaucoup d'exagération, et, quoique cette église ait été fort riche, beaucoup plus qu'elle ne l'est aujourd'hui, il faut se tenir en garde contre l'esprit hyperbolique des Espagnols.

Le concours des pèlerins est toujours fort grand, celui des écoliers qui fréquentent l'université ne l'est pas moins. Les bâtiments de l'université sont très-beaux; l'hôpital royal est aussi un édifice digne de fixer l'attention. La ville a des fabriques de soieries et de bas de soie. Son ancien commerce d'images et de chapelets, autrefois très-considérable, est bien déchu aujourd'hui. De Saint-Jacques à la Corogne il n'y a que neuf lieues. Cette distance fut promptement franchie.

La Corogne, place forte avec un des meilleurs ports de l'Espagne, tient le premier rang parmi les villes commerçantes de la Galice. On peut même la regarder comme le chef-lieu de la province, puisque le capitaine général et l'intendant y résident. On y compte près de vingt-quatre mille habitants, parmi lesquels il y a beaucoup d'étrangers. Cette ville renferme plusieurs monuments remarquables et des fabriques de toile à voile pour les vaisseaux, de cordages, de chapeaux; depuis peu d'années on y a aussi établi une grande manufacture de cigares. Nos voyageurs allèrent voir à l'extrémité de la ville la *tour* dite d'*Hercule*, qu'il ne faut pas confondre avec le phare qui est du côté opposé. Cette tour, d'une construction hardie, existait déjà du temps des Romains, qui y gravèrent des inscriptions. On présume qu'elle fut l'ouvrage des Phéniciens, qui avaient formé en ce lieu quelques établissements. Le port a la forme d'un croissant dont les deux pointes, défendues par des châteaux forts, sont séparées par une petite île qui ne laisse que deux passes assez étroites, et qui protége l'intérieur du port contre les vents du nord. La ville se divise en deux parties: la *vieille*, que les eaux de la mer entourent, et qui ne tient au continent que par une étroite langue de terre garnie de murailles, et la *neuve*, qui a des remparts solides et un bonne citadelle. Le fort *Sant-Anton*, bâti sur un rocher, domine le port et la rade. La Corogne a beaucoup souffert pendant la guerre de l'indépendance, tant de la part des Anglais et des Français que de celle des Galiciens eux-mêmes.

Le lendemain de leur arrivée, M. Germon proposa le voyage du Ferrol à Gustave qui ne demandait pas mieux. La route est fort belle; elle traverse d'abord le village de Betanzos, qui n'a qu'une seule rue au bord de la mer, et qui se recommande par l'activité de ses habitants et par ses vins légers; elle s'enfonce ensuite dans les montagnes, tantôt serpentant dans les vallées, tantôt s'élevant sur la croupe des rochers; le Ferrol ne s'aperçoit, pour ainsi dire, que lorsqu'on le touche, parce qu'il est bâti sur le revers méridional de la montagne. Vers le milieu du XVIIIe siècle, ce n'était encore qu'une faible bourgade habitée par des pêcheurs. Sa population de dix à douze mille âmes est presque doublée par le concours des employés de la marine royale. Le port, un des meilleurs de l'Europe, est principalement destiné à la marine militaire, qui y possède une école de navigation, un chantier et un arsenal. On dirait que la nature a pris soin de le fortifier. Son entrée est un long défilé où les vaisseaux ne peuvent passer que sous le feu des batteries formidables qui s'élèvent sur la côte. Les édifices qui appartiennent à l'administration sont en général très-bien construits. On y voit des ateliers nombreux d'où sortent tous les objets nécessaires pour l'équipement des vaisseaux. Ce que Gustave vit avec le plus d'intérêt, ce fut la corderie, où l'on fabrique des cables et des cordages de tous les calibres; on n'emploie que le chanvre peigné et séparé avec soin de l'étoupe. Cette méthode leur donne une solidité qui les rend préférables à tous ceux qu'on fabrique dans les pays étrangers.

« Si pour nous rendre à Bilbao, dit M. Germon à Gustave, nous suivions la côte de l'Océan, comme j'ai été obligé de le faire en 1808 et postérieurement, nous trouverions d'abord à douze lieues du Ferrol le bourg de *Vivero* sur la cime d'un rocher, laissant derrière nous le cap Ortegal, qui forme le point le plus septentrional de l'Espagne. A une journée de là nous verrions Ribadeo, qui s'élève sur la pente de la montagne, à l'embouchure du Rio-Miranda, qui sépare la Galice des Asturies et forme un petit port assez commode. Ici la route se divise en deux branches, dont l'une, qui suit le bord de la mer, passe par Gijon, d'où sortent les meilleurs taureaux employés à Madrid dans les courses; ils passent pour vigoureux et sauvages. Cette ville, qui a six mille habitants, fut le berceau de la seconde monarchie espagnole, après l'invasion des Arabes; Pélage y fit sa résidence pendant plusieurs années. Charles IV lui a donné un institut où l'on enseigne les mathématiques, la physique et la navigation. L'autre route, un peu plus longue, mais moins rude et moins dangereuse, aboutit à Oviédo. Ces deux routes sont également pittoresques. A chaque pas on y découvre quelque objet nouveau. Ici, c'est un bois qu'on traverse, ou un vallon tapissé de verdure; là, ce sont des gorges, des précipices, des rochers taillés à pic qui semblent se toucher; plus loin de vastes prairies paraissent couvertes de troupeaux sous la garde des *Vagueros* nomades; car c'est dans cette contrée, tantôt riante et fleurie, tantôt agreste et sauvage, que cette race d'hommes réside. »

Nos voyageurs quittèrent la Corogne à trois heures du matin. Ils profitèrent d'un très-beau clair de lune. Quand les rayons argentés de cet astre vinrent au bout de deux heures se mêler aux premières lueurs de l'aurore, ils étaient déjà loin de Betanzos et près d'entrer dans la région des montagnes. Ils s'arrêtèrent pour dîner dans un mauvais village qu'on appelle Bahamonde, et que les Galiciens redoutent parce qu'ils regardent tous les habitants, les femmes surtout, comme des sorciers fréquentant le sabbat. Le soir, au bout d'une très-forte journée, ils arrivèrent à Lugo. Cette ville est grande et bien percée; sa population, qui au commencement de ce siècle n'était que de cinq mille âmes, est aujourd'hui de douze mille, preuve d'une prospérité croissante. Lugo s'annonce par de belles avenues, des fermes en bon état, d'abondants pâturages; sa cathédrale et son hôtel de ville sont de beaux édifices; ses bains d'eaux thermales attirent les étrangers, et les murailles qui l'entourent, de construction romaine, appellent l'attention des curieux. A une petite journée au nord est la ville de Mondonedo, peuplée de six mille âmes, importante par ses fabriques de toiles et ses tanneries.

Toute la journée du lendemain fut employée à gravir jusqu'au hameau de Cebrero, qu'on trouve sur la cime du *Puerto*, ou montagne qui sert de frontière à la Galice et la sépare des Asturies.

« Cette vaste province, dit M. Germon, qui porte le nom de royaume, est beaucoup plus peuplée que ne semble le promettre la nature du pays; mais ses montagnes ont des habitants jusque sur leurs sommets, pour peu qu'il s'y trouve un lambeau de terre à cultiver. Beaucoup de Galiciens pourtant quittent leur pays, mais c'est moins parce que le pays est pauvre que pour amasser quelque bien et augmenter ainsi leur aisance. C'est un impôt que ces hommes laborieux vont chaque année lever sur la paresse des Castillans. Nous avons vu partout des prairies verdoyantes, des champs couverts d'épis, de belles plantations de lin et de chanvre, beaucoup de vignobles; nous avons vu même dans quelques vallées des orangers et des mûriers. Quant aux fruits et aux légumes, ils viennent partout; les montagnes sont couvertes de châtaigniers, de chênes, de noyers, de pins et de sapins. Pour ce qui est des animaux, ils consistent en gros bétail et en mulets, qui sont très-estimés à cause de leur vigueur.

« Il ne me reste qu'à parler des habitants eux-mêmes. Ils conservent encore, sans beaucoup d'altération, les mœurs et les costumes des *Callaïci*, leurs ancêtres. Ceux-ci étaient bons soldats, vivaient de chasse et de pêche; leurs femmes s'occupaient des travaux de la terre; ceux-là, moins sauvages, sont comme eux, braves et courageux, et leurs femmes partagent leurs fatigues. C'est un peuple simple, honnête et hospitalier. Les Léonais, leurs voisins, ont l'abord moins prévenant, et ils ne mettent pas autant de franchise dans leurs manières. Ils sont graves et taciturnes comme les Castillans, mauvais agriculteurs et dépourvus d'industrie. Leur pays est arrosé par une infinité de rivières, et leurs récoltes périssent de sécheresse. Leurs vallées restent incultes, et là où se montre une végétation plus active, c'est à la nature seule que ce phénomène est dû. »

Après avoir quitté Cebrero, on descend rapidement vers Herreria, premier village du royaume de Léon, et l'on arrive, en suivant le cours de la rivière de Valcarce, jusqu'au joli bourg de Villafranca, situé au milieu d'un bassin très-fertile, ceint de tous côtés de hautes montagnes. En sortant de Villafranca, la route parcourt d'abord une campagne riante, mais elle ne tarde pas à s'enfoncer de nouveau dans les montagnes. « Je l'ai vue autrefois raboteuse et remplie de cailloux, dit M. Germon; mais elle a été réparée ou pour mieux dire reconstruite, car elle passait alors à Ponferrada, dont vous apercevez les édifices à votre droite. Tous les villages que nous allons rencontrer maintenant sur notre route sont peuplés de Maragates. Leur aspect est singulier comme les habitants ; les maisons sont petites, couvertes de chaume. »

Vers le soir, nos deux voyageurs, fatigués de parcourir des campagnes incultes, arrivèrent à l'entrée d'une petite plaine dont la fraîcheur et la beauté leur firent bientôt oublier l'ennui des jours précédents. Au milieu de cette plaine, on voit de tous côtés une haute éminence dont le Tuerto baigne la base. Sur cette hauteur est la ville d'Astorga, chef-lieu de la province de ce nom. Elle conserve encore une partie des murailes dont les Romains l'avaient entourée. On distingue de la ville le lac Sonabria, que le Tuerto traverse avec tant de rapidité, que ses eaux ne se mêlent pas avec celles du fleuve, et qu'on peut suivre de l'œil la marche du courant. Le soleil était près de se coucher, et ses rayons, frappant obliquement les vagues qui s'élevaient sur la rivière, remplissaient l'air de brillantes étincelles et formaient un magnifique spectacle. Un rideau de verdure qui s'étend au delà du lac servait de fond à ce tableau. Gustave était ravi, mais à peine entré dans la ville il sentit le charme détruit ; elle est mal bâtie, obscure, sale et presque déserte.

Gustave comptait le lendemain sur un dédommagement ; il partait pour Léon, ancienne capitale du royaume de ce nom, foyer respectable et sacré d'où la monarchie et la religion, victorieuses de l'islamisme, étendirent de proche en proche leur salutaire influence sur toute la Péninsule. Il ne trouva rien de ce qu'il croyait y voir; tout à fait déchue de sa grandeur, cette ville n'a pu se relever. Sa population, jadis considérable, n'arrive pas aujourd'hui à six mille âmes; ses édifices sont négligés et fort dégradés; ses maisons noires et rembrunies lui donnent un air triste et lugubre. Pélage s'en empara sur les Maures en 722, et après l'avoir aussi bien fortifiée que cela se pouvait, il y transporta le siége de son nouvel empire. L'ancien palais des successeurs de Pélage est un des édifices qui se sont le mieux conservés; mais il est construit sans goût et sans magnificence. Ce que Gustave admira dans Léon, ce fut la cathédrale, superbe monument d'architecture gothique ou plutôt byzantine. Elle surpasse en beauté tous les édifices du même genre en Espagne. Les rois de Castille sont chanoines-nés de cette église. La ville s'élève au confluent des deux rivières, dont les bords sont couverts d'arbres et de verdure. Malheureusement les habitants sont peu industrieux, et ils ne savent point profiter des avantages de leur sol.

Il en est de même dans toute la province. Les montagnes sont bien boisées, mais les plaines sont nues et les champs mal cultivés. Aussi la population y a-t-elle sensiblement diminué. On y compte plus de cent *despoblados* (lieux incultes et déserts), et il est à remarquer que les deux tiers au moins de ces déserts se composent de campagnes où l'on voyait jadis des villages. Les fabriques de la capitale se réduisent à quelques métiers de bas de laine, de bonnets et d'autres objets de peu d'importance.

« Ce que je vous ai dit de Léon et de sa province, dit M. Germon à Gustave quand ils s'approchèrent d'Oviédo, s'applique parfaitement aux Asturies. L'agriculture y est même encore plus négligée. La population totale de la province est estimée à trois cent cinquante mille âmes. Il faut de ce nombre déduire cent quinze mille nobles, presque tous fort pauvres, et réduits pour vivre à porter la livrée à Madrid, à Barcelone, à Séville, à Cadix; etc. Une autre déduction à faire, c'est celle des avocats, étudiants, ecclésiastiques, formant à peu près le nombre de dix mille; ajoutons les vieillards, les enfants, les infirmes, tous ceux qui s'occupent de pêche, de cabotage ou d'arts industriels: combien d'hommes nous restera-t-il pour s'occuper de la culture des terres?

« Il faut convenir que les Asturiens modernes ont bien dégénéré. Leurs généreux ancêtres, dignes descendants des Astures qui avaient résisté à toute la puissance des Carthaginois et des Romains, les Asturiens des premiers siècles de notre ère défendirent leur pays contre la tyrannie des Goths, qu'ils accueillirent ensuite comme des amis malheureux, quand les Arabes refoulèrent vers le nord tous ceux qui refusaient de se soumettre à eux. Ce fut au fond de leurs montagnes que Pelage trouva un asile. Les Asturiens de nos jours se distinguent par leur attachement à la religion de leurs pères et à leur patrie, par leur fidélité envers le souverain, par leur probité, leur courage et la pureté de leurs mœurs. »

La ville d'Oviédo est située sur un plateau assez élevé. Pélage y avait transféré le siége de son gouvernement; il le transporta plus tard à Léon. Gustave y remarqua la cathédrale gothique, l'aqueduc de quarante arches qui porte l'eau à la ville, et l'église Saint-Sauveur, renommée dans le pays pour le nombre de reliques et d'objets précieux qu'elle possède.

Il fallut trois grands jours à nos voyageurs pour se rendre d'Oviédo à Santander, capitale d'une province intermédiaire entre les Asturies et la Biscaye, et que l'on regarde quelquefois comme une dépendance de cette dernière, et plus souvent comme faisant partie de la Vieille-Castille.

Santander, ville épiscopale, de médiocre étendue, peuplée de dix-huit à dix-neuf mille habitants, et bâtie sur une hauteur voisine de la mer, a un port ouvert en tout temps aux bâtiments marchands de tous les pays. Une barre de sable en rend l'accès difficile aux frégates, quand la marée est basse. On travaille depuis longtemps à déblayer l'entrée. Avant et depuis la guerre de l'indépendance, ce port était l'un des plus fréquentés de toute la côte septentrionale. Autrefois il devait cet avantage à la liberté qu'avaient ses habitants de trafiquer librement avec l'Amérique. Ils profitaient peu, il est vrai, par eux-mêmes de cette faveur, mais ils laissaient les étrangers faire le commerce sous leur nom. Ceux-ci achetaient leur privilége par le paiement d'un modique intérêt, et, après avoir fait enregistrer leurs chargements dans cette ville sous la consignation du négociant domicilié, leur vendeur, ils recueillaient seuls les profits immenses du commerce des colonies. Le fer, l'acier, la bière et la farine étaient les principaux articles d'exportation fournis par Santander. Depuis l'émancipation des colonies, ce genre de marchés n'a plus lieu ; mais le port n'en a pas moins continué d'être fréquenté ; il le sera bien davantage si l'on parvient à terminer le canal de Castille, qui commence au canal d'Alar, non loin des sources de la Pisuerga, et descend jusqu'aux environs de Palencia, d'où il doit être continué jusqu'au Duero au-dessous de Valladolid ; puis du village d'Alar il remontera jusqu'à Reynosa, petite ville asturienne, au sud de Santander. Une superbe route a été ouverte entre Santander et Reynosa, à travers les montagnes et les ravins.

Les habitants de cette province sont d'un naturel doux et serviable ; ils ont les mœurs simples des vieux Castillans, dont ils tempèrent la triste gravité par un heureux mélange de la gaieté des Biscayens. « Ceux-ci, ajouta M. Germon, sont vifs, agiles, industrieux, d'une physionomie franche et ouverte ; mais trop fiers d'être les descendants des Cantabres, ils conservent quelques restes de l'ancienne rudesse de ces peuples presque sauvages. On leur reproche surtout leur entêtement. Quand une idée s'est une fois emparée de leur esprit, il n'est pas possible de la déraciner. C'est à ce caractère opiniâtre qu'ils doivent peut-être leur attachement à la constitution politique qui fit toujours d'eux un peuple à part. Le prince de la Paix avait porté de rudes atteintes à leurs priviléges; ils s'étaient dévoués en entier à D. Carlos qui avait promis de les leur rendre. Ils n'ont jamais voulu souffrir chez eux l'établissement des douanes, et ils avaient constamment refusé pour leurs ports le titre d'*habilitado*, titre qui leur donnait la faculté de commercer directement avec les colonies.

« Les femmes s'occupent de travaux qui ne paraissent pas proportionnés à leurs forces; outre la culture des terres dont on les charge, elles portent des fardeaux énormes. Les hommes sont bien faits et robustes, la santé brille sur leur visage; on les accuse de boire avec excès. On a reproché souvent aux Castillans leur orgueil et leur morgue: c'est bien autre chose en Biscaye, où l'on prétend que la noblesse est attachée à la qualité de Biscayen. Cette opinion qu'ont les Biscayens de leur dignité personnelle fait qu'ils permettent rarement aux étrangers de s'établir parmi eux. »

Vingt lieues d'une route plus souvent mauvaise que bonne séparent Santander de Bilbao. Gustave commençait à s'apercevoir que c'était payer un peu cher le plaisir de voir encore une ville espagnole; toutefois, quand il fut arrivé, il ne regretta pas d'avoir un peu souffert sur la route.

Deux chaînes de montagnes, qui partent d'un point commun et se terminent à la mer, forment, en divergeant, une vallée triangulaire dont la rivière d'Ansa occupe le fond. La ville de Bilbao s'élève sur les deux rives du fleuve, à deux lieues de l'Océan. Il n'était pas possible de trouver une position plus heureuse. La nature a tout fait pour ces délicieux parages, où elle a prodigué les trésors d'une brillante végétation. La rivière s'élargit progressivement jusqu'à son embouchure; pour mieux dire, c'est un bras de mer qui s'avance dans la vallée pour y recevoir les eaux de l'Ansa presque à leur source. A peu de distance de la ville est le port d'Olavijaja, toujours rempli de vaisseaux et de marins. Un peu plus loin est le village de Portugalete, bâti sur la pente de la montagne. Du côté opposé, presque en face, on voit une multitude de maisons qui semblent sortir du milieu des bois. La population de Bilbao est d'environ quinze mille âmes. C'est le grand entrepôt des laines destinées à l'exportation.

La ville de Bilbao est petite, mais agréable; c'est l'ancien port des *Amanes* ou la *Flaviobriga* des anciens. Elle fut appelée *Belvao*, c'est-à-dire *beau gué*, d'où est venu Bilbao. En 1300, Diego Lopez de Haro fit construire la ville actuelle; les maisons en sont généralement hautes, solidement bâties, et d'un aspect agréable. Les rues sont unies, pavées en petites pierres carrées, et entretenues avec une propreté remarquable; on y conduit par divers canaux les eaux de la rivière, qui servent à la laver, à la rafraîchir, et qui disparaissent ensuite dans les égouts souterrains, en entraînant avec elles les immondices. Les maisons ont en général un avant-toit, qui met les passants à l'abri du soleil et de la pluie.

On a creusé, vers l'embouchure de l'*Ansa*, une place considérable où l'on contient les eaux au moyen d'une digue magnifique, qui s'étend à une distance considérable, le long d'une promenade appelée l'*Arsenal*. Cette promenade est très-belle; elle se prolonge sur le bord de la rivière et est plantée d'arbres, bordée de jardins, de magasins, de maisons ornées de peintures; on jouit d'un coup d'œil plein de charmes, d'un spectacle animé qui varie et se renouvelle sans cesse jusqu'à l'embouchure de la rivière.

Avant les troubles de la guerre civile, on vivait à Bilbao avec beaucoup d'agrément et de liberté; l'activité du commerce avait répandu dans la population un bien-être général; on y trouvait tout en abondance. Les vaisseaux de toutes les nations commerçantes fréquentaient son port; ils apportaient des denrées des divers climats et les produits des manufactures étrangères; ils y chargeaient les laines qui viennent de la Vieille-Castille, des ancres fabriquées dans le Guipuzcoa, des agrès, du fer, des châtaignes, qui sont une abondante production du pays.

Bilbao avait deux genres particuliers d'industrie qui étaient d'un rapport assez considérable: l'un consistait dans des montures économiques qui rendaient de grands bénéfices : des circonstances particulières les ont fait abandonner ; l'autre, dans beaucoup de tanneries, dont le profit était encore plus grand et plus certain ; mais la prohibition d'y porter directement les cuirs venant de l'Amérique, ou les droits très-élevés imposés à l'introduction de cette marchandise, les ont fait tomber presque toutes.

L'air de cette ville, sans être malsain, est désagréable par sa grande humidité ; il rouille le fer, attaque le cuivre, dissout le sel, et répand de la moiteur dans le linge et dans les ameublements. Malgré cela, on y voit peu de malades, et l'on y rencontre beaucoup de vieillards.

Le lendemain, on partit de Bilbao pour Saint-Sébastien ; on laissa sur la droite la ville assez jolie de Vittoria, chef-lieu de la province d'Alava. Elle a d'assez beaux édifices.

La ville de Saint-Sébastien, chef-lieu de la province de Guipuzcoa, est la résidence du gouverneur de la province. Elle est importante par son commerce, qui n'est pas moins étendu que celui de Bilbao, par son port et par ses fortifications. En 1813, elle fut brûlée par les Anglo-Portugais ; elle a été reconstruite sur un plan régulier, et elle peut figurer au nombre des plus jolies villes d'Espagne.

« Nous voici à trois lieues de nos frontières, dit M. Germon à Gustave. Allons-nous prendre le chemin d'Irun, ou bien pour aller visiter la Navarre, ferons-nous encore à travers les montagnes cinquante à soixante lieues?

— Oh ! non, s'écria Gustave ; assez de montagnes, et gagnons au plus tôt notre France ; je sens que j'ai besoin de respirer l'air natal. Seulement, si vous connaissez la Navarre, dites-moi ce que vous en savez.

— Volontiers, reprit M. Germon, et je ne serai pas long, car il y a peu de choses à dire sur cette contrée.

« La Navarre est un pays montueux. La grande chaîne des Pyrénées en occupe toute la partie septentrionale. Le reste, coupé de collines, de ravins, de plateaux arides, n'offre que très-peu de terres bonnes à cultiver. Pampelune (*Pamplona*), capitale de la contrée qui a eu le titre de royaume, n'est qu'une ville de quatrième ordre, mal bâtie et fort triste. Elle a de bonnes fortifications, et elle est la résidence du capitaine général, de l'évêque et du conseil royal. La population ne monte guère qu'à douze à treize mille âmes. Plus que le chef-lieu., Tudela mérite d'être distinguée ; elle n'a que huit mille habitants, mais ils sont industrieux ; et la position de la ville, sur la rive droite de l'Èbre, la rend commerçante. Cette ville a un collége où l'on enseigne la médecine, la chirurgie et la pharmacie, une école de mathématiques, de chimie et d'anatomie, et plusieurs autres établissements littéraires. On y passe le fleuve sur un beau pont de vingt-sept arches.

« Tafalla, petite ville assez jolie, fut autrefois une des principales de la Navarre, et pendant quelque temps la résidence des monarques; elle avait un palais bâti dans le xve siècle; elle eut une université, et les états de Navarre y furent tenus en 1473. Aujourd'hui il ne lui reste plus de sa grandeur passée que l'enceinte des murs dont elle est entourée et les débris de son château. Elle est placée dans un territoire fertile en bon vin, près de la petite rivière de Cidaco, qui augmente sa fécondité. Le climat de cette ville est remarquable par sa salubrité; la tradition veut que les maladies épidémiques y aient toujours été inconnues.

« La Navarre est un pays de montagnes rudes, escarpées, entremêlées de vallées et de quelques petites plaines qui sont très-fertiles, arrosées par l'Èbre et par huit petites rivières. Les plus importantes de ces vallées sont celles de Lescou, de Bastan, de Roncal, et celle de Roncevaux rendue célèbre par la chronique fabuleuse de la mort de Roland, neveu de Charlemagne. Le canton de Roncal est au milieu des Pyrénées, et se trouve par conséquent entouré de tous côtés de hautes montagnes escarpées; il a su se conserver pendant des siècles une administration particulière qui excluait toute inégalité parmi ses habitants, lesquels prétendent à une noblesse acquise d'origine. Les habitants de Bastan ont la même prétention; leur vallée, longue de dix lieues et large de cinq, contient quatorze villages, dont Élizonda est le chef-lieu.

« La Navarre fut occupée par les Maures jusqu'en 806, époque à laquelle ils furent chassés par Louis, roi d'Aquitaine, fils de Charlemagne, qui prit Pampelune et fit d'autres conquêtes en Espagne; dès ce moment, la Navarre se trouva appartenir à la France. Toutefois elle s'en détacha bientôt pour former un royaume particulier, sous les comtes de Bigorre. La couronne passa plus tard dans la maison d'Albret; mais la partie qui se trouve en deçà des Pyrénées fut conquise par Ferdinand V, et n'a pas cessé depuis lors d'appartenir à l'Espagne; le reste du royaume fut réuni à la couronne de France par Henri IV, dont le père, Antoine de Bourbon, avait épousé Jeanne d'Albret. La Navarre espagnole a conservé jusqu'à ces derniers temps le privilége de recevoir la plupart des marchandises étrangères sans visite ni droits.

— Me voilà, grâce à votre complaisance, dit Gustave, parfaitement au courant de ce qui concerne la Navarre; mais j'ai encore à réclamer de vous l'accomplissement d'une promesse que vous m'avez faite il y a déjà longtemps, et que je n'ai pas oubliée. Lorsque nous étions à Barcelone, j'avais un vif désir d'aller visiter les îles Baléares, que l'on peut considérer comme faisant partie de l'Espagne. D. Lopez ne sembla pas disposé à nous accompagner dans cette petite excursion hors de la terre ferme, et pour ne pas nous séparer d'un guide aussi précieux nous en fîmes le sacrifice; mais, pour m'indemniser, vous vous êtes engagé à me donner une description de ce petit archipel, que vous avez visité précédemment.

— Votre demande est juste, répondit M. Germon, et je m'empresse d'y souscrire. Écoutez donc ce que ma mémoire me fournira sur ce groupe d'îles, que les anciens nommaient *Hériames*. La plus grande et la plus importante est l'île de Majorque, qui a cinquante lieues de tour. La capitale est Palma; cette ville, où l'on compte une population de trente à trente-cinq mille âmes, est bâtie sur le penchant d'une montagne au fond d'une baie profonde qui reçoit la rivière ou plutôt le dangereux torrent de Riera. Elle a des fortifications médiocres, et son port n'est pas excellent. Parmi ses édifices on distingue l'évêché, le palais du gouvernement, dont on attribue la construction aux Maures, et l'hôtel de *la Contratacion* ou de la Bourse. La salle où les marchands se réunissent pour traiter d'affaires est vaste et magnifique. Sa voûte, très-hardie, ne repose que sur quatre colonnes. Les rues de la ville sont étroites et sombres, mais les maisons sont assez bien bâties; presque toutes ont un vestibule et un portique que soutiennent des piliers de pierre ou de marbre.

« Alcadia, érigée en duché par Charles IV pour son favori Godoy, est une ville très-ancienne, mais tout à fait déchue. On attribue se dépopulation et sa décadence au voisinage du marais infect d'Abufero, qui n'est qu'à une lieue de distance: mais ce climat, funeste aux hommes, est excellent pour le bétail à laine, qui y donne de magnifiques toisons. La laine d'Alcadia est très-estimée, même en Espagne, où cette denrée est généralement belle. Entre Palma et Alcadia, sur la côte occidentale, s'élève la ville de Solen, au milieu d'une vallée délicieuse. Aussi sa population augmente tous les jours, tandis que celle d'Alcadia diminue.

« Lorsque l'on a gravi sur le sommet de la montagne, au pied de laquelle la ville est située, si l'on contemple Solen et ses environs, on ne peut se lasser d'admirer la beauté du paysage qui se déploie sous les regards. L'innombrable quantité d'oliviers, de mûriers, d'orangers, de citronniers, qui couvrent la vallée, n'en laisse nulle part apercevoir le sol. On ne distingue qu'un tapis immense de verdure à travers lequel percent les édifices de la ville. Quand on descend de la montagne, le plaisir augmente avec l'étonnement. On se sent pénétré d'une douce fraîcheur qu'entretiennent les eaux de vingt ruisseaux limpides, et l'on respire un air chargé de parfums; les branches des arbres, se courbant sous le poids des fruits, semblent inviter la main à les cueillir. De l'autre côté de l'île, on trouve la ville de Varta avec huit mille habitants, tous industrieux et riches. Leurs pâturages nourrissent des bestiaux de toute sorte, et ils récoltent en abondance de l'huile, du vin, du coton, des fruits et des grains.

« La nature a moins fait pour Minorque, dont le sol est sec, âpre et peu fertile, et dont le climat est très-inégal. *Caudalelà*, sur la côte occidentale, capitale de l'île et résidence de l'évêque et du gouverneur, est revêtue de hautes murailles, ouvrage des Maures; les Espagnols y ont ajouté quelques bastions. Du côté opposé se trouve Mahon, dont le port est l'un des plus vastes et des plus sûrs de la Méditerranée. La ville, dont les traditions locales attribuent la fondation à Magon, général carthaginois, s'élève sur des rochers d'où elle domine le port. Les approches en étaient autrefois défendues par le fort Saint-Philippe; ce fort a été complétement démoli en 1805; mais on a conservé quelques fortins et quelques batteries pour protéger l'entrée du port. Les Anglais s'étaient rendus maîtres de Port-Mahon; les Français le reprirent en 1755 pour les Espagnols leurs alliés; la paix de 1763 le rendit aux Anglais, qui le gardèrent vingt-neuf ans. Au bout de ce temps, les Espagnols s'en remirent en possession pour le perdre de nouveau en 1798. Six mille soldats espagnols mirent bas les armes devant trois mille Anglais.

« L'île de Cabrera qui, avec celle de Majorque et celle de Minorque, forme le groupe des Baléares, les *Iles Fortunées* des anciens, n'offre qu'un sol rocheux qui n'a pour habitants que quelques pêcheurs qui n'y passent pas même l'hiver.

« On prétend que ces îles furent peuplées à une époque très-reculée par des colonies de Rhodiens, et que, dans la suite, on les appela les Baléares du mot grec βάλλειν qui signifie lancer, parce que les habitants excellaient à lancer des pierres avec la fronde. Quant au nom de *Fortunées*, il leur fut donné à cause de la grande fertilité du sol et de l'inaltérable douceur du climat.

« Il y a, au sud des Baléares, un autre groupe qu'on distingue par le nom de *Pytiuses;* on croit d'après Strabon que ce nom dérive de deux mots grecs qui signifie abondance en pins. Ce groupe se compose d'Ivice, de Fromentera et de quelques îlots inhabités. Ivice est le siége d'un évêché. La ville, qu'on dit fondée par les Carthaginois ou même par les Phéniciens, est située sur le sommet d'une montagne; elle a quatre à cinq mille habitants, et un port médiocre. Le reste de la population de l'île, qu'on évalue à huit à neuf mille, est répandu dans les vallées. Fromentera n'a que mille habitans, dont les maisons sont éparses sur l'île entière. Son nom semblerait indiquer qu'elle a autrefois produit beaucoup de grains; le sol n'y est pourtant que médiocrement fertile.

« Il paraît que les Carthaginois s'emparèrent d'Ivice l'an 663 avant Jésus-Christ, et qu'à cette époque cette île était déjà habitée. Ce ne fut que longtemps après qu'ils réussirent à s'établir dans les Baléares. Après la destruction de Carthage, les Baléares et les Pytiuses passèrent sous la domination des vainqueurs, et elles restèrent en leurs mains jusqu'au commencement du ve siècle. A cette époque elles subirent le joug des Visigoths, que les Arabes remplacèrent en 798. Les Pisans en expulsèrent plus tard les Arabes, et furent eux-mêmes chassés par les Almoravides.

« Au commencement du XIIIe siècle, le roi d'Aragon en fit la conquête.

« Ces îles, en général, produisent d'excellentes oranges. On y voit des palmiers, des oliviers, des caroubiers, dont les fruits, assez semblables aux fèves, fournissent aux bestiaux une excellente nourriture. Les montagnes sont couvertes de forêts de sapins et d'autres bois de construction, de chênes verts et d'oliviers sauvages. Les plaines donnent des grains et des légumes de toute espèce; les vallées portent beaucoup de fruits. Quelques coteaux produisent de très-bon vin; toutefois, malgré cette fécondité, les Baléares n'ont pas de grains pour les besoins des habitants. On attribue cet inconvénient à la paresse et à l'inexpérience des cultivateurs, qui effleurent à peine la surface de la terre, négligent de mettre en valeur des bas-fonds d'une étendue considérable, et ne savent pas conduire les eaux sur les fonds plus élevés pour en augmenter le rapport.

« Au centre de l'île de Minorque, et sur les sommets du mont Sainte-Agathe, habite une race nomade semblable à celle des *Vaquéros* des Asturies Les hommes qui la composent ne se mêlent pas aux autres habitants, et ils s'occupent exclusivement de la garde des troupeaux. Suivant les uns, ce sont les restes des anciens habitants carthaginois, romains ou visigoths; d'autres, au contraire, les regardent comme les débris de la population maure.

« Les Mallorcains font un commerce très-actif

dont la balance est tout à leur avantage. Ils fournissent de l'huile à l'Angleterre et à la Hollande, des vins à l'Espagne et à l'Amérique, des fruits, des oranges, des câpres à la France. On assure qu'ils exportent annuellement pour une valeur de quinze millions, et il s'en faut bien que le produit des importations arrive à cette somme. Si les Mallorcains gagnent à leur commerce, les Minorcains s'y appauvrissent, car ils reçoivent beaucoup plus qu'ils ne fournissent. Une cause permanente doit éloigner de ce pays la prospérité : c'est l'indolence extrême des naturels, qui ne tirent aucun parti de leur sol et négligent la culture des oliviers et des cotonniers, qui pourraient devenir pour le pays une branche très-importante de commerce.

« Les habitants des Baléares ressemblent peu aux Castillans et aux autres Espagnols ; mais, par les traits du visage autant que par les habitudes, ils se rapprochent des Catalans et des Valénciens. Comme les Catalans, ils n'ont qu'un Dieu, l'intérêt ; toutefois leurs manières sont moins rudes. Ils sont peu avancés sous le rapport des sciences et des arts ; cependant il n'est pas rare de voir quelques-uns de ces insulaires qui, sous une écorce grossière, cachent beaucoup d'aptitude. On remarque dans l'église du village d'Alayor, peu éloigné de Mahon, un grand nombre de sculptures, ouvrage d'un Mallorcain, qui n'eut d'autre maître que lui-même, ni d'autres ressources que celles de l'imitation.

— Vous avez parlé, dit Gustave, de l'île de Cabrera, n'est-ce pas sur ce roc sauvage que les soldats du corps d'armée de Dupont furent martyrisés à la suite de la honteuse capitulation de Baylen ?

— Oui, et c'est une tache pour les ennemis de la France que ces horribles tortures que l'on imposa à des malheureux désarmés, que protégeait d'ailleurs une convention aux termes de laquelle ils devaient être ramenés en France. On déposa sur cet îlot stérile huit mille hommes, privés des premières nécessités de la vie. Il n'existait dans toute l'île d'autre construction qu'une espèce de château fort, vieil édifice en ruine, construit autrefois par les Maures, et où trente personnes pouvaient à peine s'abriter. Un mince filet d'eau douce, qui tarissait fréquemment, devait suffire pour désaltérer la nouvelle et nombreuse population qui se trouvait jetée dans ce triste désert. Tous les quatre jours une barque, partie de Palma, venait apporter à ces malheureux une mince distribution de vivres; chaque homme était réduit à six onces de pain et à une poignée de fèves par jour. Il arriva une fois que la barque qui apportait les provisions fut retenue par le mauvais temps, et quatre jours se passèrent sans que les prisonniers reçussent de vivres. Cent cinquante de ces malheureux moururent au milieu des tourments de la faim et du désespoir, après avoir dévoré tout ce qu'on put trouver, dans l'île, de rats, de lézards et de coquillages. Du reste il ne se passait pas un jour qui ne fût marqué par la mort d'un grand nombre de ces infortunés, qui n'avaient pour abri que des grottes froides et humides, ou des abris insuffisants fabriqués avec des broussailles et de la terre délayée, et qui manquaient de vêtements au point qu'un grand nombre d'entre eux étaient presque nus.

« Le peuple de Palma, loin d'être attendri par ces scènes de désolation qui se passaient presque sous ses yeux, faisait tout ce qui était en son pouvoir pour aggraver la position des prisonniers; plus d'une fois il se jeta sur la barque qui devait transporter les provisions à l'île de Cabrera, la pilla et priva ainsi la malheureuse colonie des seuls moyens d'existence qui lui fussent accordés. Les officiers français qui avaient été transportés à Majorque furent obligés de revenir sur le rocher de Cabrera, pour échapper à la fureur de la populace, qui voulait les massacrer. Un bien petit nombre de prisonniers put échapper à de si horribles tortures. Mais c'est trop nous arrêter sur de si sombres tableaux, tristes fruits des guerres acharnées de cette époque. »

Nos deux voyageurs partirent de Saint-Sébastien, satisfaits de leurs voyages et non moins satisfaits de rentrer en France, sans avoir éprouvé d'accident fâcheux, après une absence de six mois. En passant devant la très-petite ville du Passage, entre Saint-Sébastien et Fontarabie, M. Germon dit à son jeune compagnon que ce port est un des plus sûrs et des plus beaux de l'Europe. C'est la nature qui a tout fait pour lui. On voit plus loin Fontarabie (*Fuente*

Rabbia) ; en face est Irun, sur la grande route. Ces deux petites villes sont fortifiées ; mais elles ne sauraient opposer une bien longue résistance ni empêcher la marche d'une armée.

Bientôt après, nos voyageurs passèrent la Bidassoa. « Nous voici en France ; s'écria Gustave ; j'ai eu bien du plaisir à parcourir l'Espagne, mais je sens que sur le sol français je respire mieux.

— Que ce sentiment bien naturel, dit M. Germon, ne vous empêche pas de jeter un coup d'œil sur la petite rivière que nous traversons, et qui forme la limite de la France et de l'Espagne. La Bidassoa donna lieu autrefois à beaucoup de contestations entre les souverains de ces deux royaumes ; chacun voulait en être le propriétaire. Un traité entre Louis XII et Ferdinand V termina ces différends ; il fut stipulé que cette rivière serait commune aux deux monarques, et qu'ils en percevraient également les droits, le roi de France sur ce qui passerait d'Espagne dans son royaume, et le roi d'Espagne sur ce qui passerait de France dans ses États. Cette rivière devint célèbre, dans le XVIIe siècle, par les conférences qui y furent tenues entre les deux ministres de France et d'Espagne, Mazarin et D. Louis de Haro, qui y arrêtèrent le fameux traité des Pyrénées, pour rendre la paix aux deux royaumes, en 1659 ; et par l'entrevue des deux monarques, lorsque le mariage de Louis XIV avec l'infante Anne d'Autriche fut décidé. Ces conférences se tinrent dans une île de la Bidassoa, peu éloignée de l'endroit où nous nous trouvons. L'île avait été jusque-là connue sous le nom d'*île des Faisans*, et a retenu depuis celui d'*île de la Conférence.* »

On arriva de bonne heure à Bayonne. Le valet de pied, largement payé, fut renvoyé de cette ville, et tandis qu'il reprenait assez tristement le chemin de l'Espagne, car il s'était accoutumé à ses maîtres, la diligence qui roulait vers Toulouse emportait rapidement Gustave et son mentor.

FIN

TABLE

CHAPITRE IX

CHAPITRE X

CHAPITRE XI

CHAPITRE XII

CHAPITRE XIII

CHAPITRE XIV

CHAPITRE XV

Tours, Imp. Mame.

Abrégé de l'Histoire des Croisades.
Agnès de Lauvens.
Aline et Marie.
Charlemagne et son siècle.
Chronique de Grégoire de Tours.
Firmin, ou le jeune voyageur en Égypte.
Histoire de Bossuet.
Histoire de Charles-Quint.
Histoire de la Chevalerie.
Histoire des Chevaliers de Malte.
Histoire de Fénelon.
Histoire du Japon, d'après le P. Charlevoix.
Histoire de Jeanne d'Arc.
Joseph, édition corrigée.
Laure et Anna.
Le Curé de campagne.
Le Frère et la Sœur.
Les Incas, édition corrigée.
Lettres sur l'Italie, édition corrigée.
Marie, ou l'ange de la terre.
Mes Prisons, par Silvio Pellico.
Orpheline de Moscou (l').
Paul, ou un caractère faible.
Paul et Virginie, édition corrigée.
Robinson Crusoé, 2 volumes.
Robinson Suisse, 2 volumes.
Trois Mois de Vacances.
Voyages autour du monde, 2 volumes.
Voyages et aventures de Lapérouse.
Voyages dans l'Afrique centrale.
Voyages en Nubie et en Abyssinie.

Publiée avec Approbation

DE

MGR L'ARCHEVÊQUE DE TOURS

www.ingramcontent.com/pod-product-compliance
Ingram Content Group UK Ltd.
Pitfield, Milton Keynes, MK11 3LW, UK
UKHW020203250726
13967UKWH00003B/1238